과학 공부를 잘하는 7가지 방법

과학 공부를 잘하는
7가지 방법

찍은날 ┃ 2008년 10월 10일 인쇄
펴낸날 ┃ 2008년 10월 17일 발행

지은이 ┃ 송 은 영
펴낸이 ┃ 조 명 숙
펴낸곳 ┃ 도서출판 맑은창
등록번호 ┃ 제16-2083호
등록일자 ┃ 2000년 1월 17일

주소 ┃ 서울 · 금천구 가산동 771 두산 112-502
전화 ┃ (02) 851-9511
팩스 ┃ (02) 852-9511
전자우편 ┃ hannae21@korea.com

ISBN 978-89-86607-69-7 43400

값 7,000원

과학 공부를 잘하는 7가지 방법

송은영 지음

도서출판 맑은창

이 책을 읽는 분들에게

'과학을 잘하고 싶다.'

우리 청소년들이 가슴 한구석에 늘 품고 있는 바람일 것이다. 물론 모든 과목을 잘하고 싶고 그래서 공부를 하는 것이겠지만, 유독 과학만큼은 공부하기조차 두려운 과목으로 생각되는 것이 현실이다. 어느 새 과학은 딱딱하고 머리 아픈 것, 그래서 답답하고 쳐다보기조차 싫어지는 과목이 되어 버렸다.

대체 그 이유가 뭘까? 과학은 넘어설 수 없는 장벽일 뿐인가? 몇몇 우등생들의 전유물일 뿐인가? 즐겁게 공부하고, 쉽게 정복할 수 있는 과목이 될 수는 없는 것인가?

　결론부터 말하자면, 아니다. 방법은 있다. 그것도 그리 어려운 것들
이 아니다.

　나는 바로 그 방법을 이 책에 담고자 한다. 모쪼록 과학 때문에 고민
하는 우리의 청소년들에게, 이 책이 작지만 충실한 빛이 되기를 바란다.

　나에게 따스한 손길과 눈길을 변함없이 보내주고 있는 고마운 사람
들과 이 책이 나오는 기쁨을 함께하고 싶다.

송은영

과학 공부를 잘하는
7가지 방법

차 례

C O N T E N T S

차 례

CONTENTS

차 례

CONTENTS

1장

과학을 잘하고 싶다

세 가지 이야기

- 지혜의 편지
- 과학은 왜 어느 수준 이상으로는 성적이 안 오르는 걸까
- 과학을 잘하는 7가지 방법

이야기_하나

지혜의 편지

 과학을 잘하고 싶어요

지혜를 처음 알게 된 것은 화창한 어느 봄날 오후였다.

책상머리에 앉아 있던 나는 창으로 스며드는 따뜻한 햇살을 받으며 살풋 잠이 들어 있었다.

그때 거실에서 '딩동댕' 하고 인터폰이 울렸다. 단잠에 취해 있던 나는 그 소리를 꿈속의 소리로 듣고 있었다.

그러나 바로 옆에 있던 전화기까지 나를 그냥 놔두지 않았다.

'따르릉, 따르릉……'

"과학을 잘하고 싶어요. 아무리 해도 성적은 오르지 않고……
어떻게 해야 할지 모르겠어요."

　10년은 족히 되었을 싸구려 전화기는 요란한 벨소리를 사정없이
내질렀다. 나는 비몽사몽간에 일어나 수화기를 들었다. 처음 들어보
는 지혜의 목소리였다.

　"저…… 다름이 아니라……."

　"누구시지요? 말씀하세요."

　"혹시…… 제가 편지를 보냈는데 받아 보셨어요?"

　상대편은 수줍은 듯 떨렸다. 그러면서도 뭔가 우울함이 깃들어 있
었다.

　"무슨 편지요? 못 받은 것 같은데."

　상대편 소녀는 잠깐 당황하는 듯했다.

　"아유, 죄송합니다. 나중에 다시 전화 드릴게요."

　"그런데 누구시……?"

　그러나 내 말이 다 끝나기 전에 전화는 황급히 끊어졌다.

　'대체 누굴까?

　잠이 확 달아나 버렸다. 그때 아까부터 계속 울리던 인터폰 소리
가 귀에 들어왔고, 그제야 나는 그 소리가 실제상황이라는 걸 깨달
았다. 거실로 뛰어나가 인터폰을 받았다.

　"등기 우편이 왔는데 도장 갖고 내려와서 찾아가세요."

경비 아저씨의 음성이었다.

받아 든 등기 우편은 한 통의 편지였다. 노란 편지봉투에 글씨가 예쁘게 쓰여 있었다. 보낸 사람은 지혜라는 여자 이름이었다. 나는 방금 전화를 했던 사람이 아닐까 생각하면서 편지를 뜯었다. 편지의 첫머리는 대뜸 이런 글귀로 시작되고 있었다.

"과학을 잘하고 싶어요. 아무리 해도 성적은 오르지 않고…… 어떻게 해야 할지 모르겠어요."

과학을 편안하게 배우고 싶은 소박한 꿈

'과학을 잘하고 싶다.'

과학을 배우는 사람이나 입시를 앞두고 있는 학생이면 누구나 갖고 있는 소망이다. 이는 뉴턴이나 아인슈타인 같은 뛰어난 과학자가 되겠다는 웅장한 뜻은 아닐 터이고, 순수 과학을 제대로 공부해 보겠다는 의도도 아닐 것이다. 그저 과학에 흥미를 갖고 재미를 느끼며 편안히 배울 수만 있으면 좋겠다는 소박한 꿈일 뿐이다. 하지만 마음대로 잘 되지 않는다.

무엇이 문제이며, 대체 원인은 어디에 있는 걸까?

그 소녀는 이런 하소연을 예쁜 편지지에 하나 가득 적어놓았다. 맨 끝에는 도움을 바라는 전화번호가 적혀 있었다. 나는 편지를 다 읽고 즉시 전화를 걸었다.

"여보세요."

상대편 목소리의 주인공은 아까 전화를 했던 바로 그 소녀였다.

 재미있는 인연

　나는 괜스레 반가운 마음에 다짜고짜 말했다.

　"예, 아까 통화했던 학생? 나 편지 방금 받았어요."

　"아, 네에…… 제가 실례를 한 건 아닌지……."

　"아니에요, 편지 잘 읽었어요. 그런데 우리 집 주소나 전화번호는 어떻게 알았을까?"

　나는 벌써 반말과 존대말을 섞어 쓰고 있었다.

　"저…… 선생님이 과학에 대한 책 많이 내셨잖아요. 서점에 갔다가 우연히 그 책에 실린 선생님 사진을 보고 반가워서……."

　"반갑다니?"

　"길 가다가 몇 번 뵌 기억이 나서요."

우연찮게도 그 소녀와 나는 같은 아파트 단지에 한 동 건너서 살고 있었다. 소녀의 어머니가 아파트 부녀회장이라고 했다. 그러고 보니 그 어머니 되는 분의 얼굴이 기억났다. 재미있는 인연이군. 나는 혼자 미소를 지었다. 소녀의 과학 공부에 대한 고민을 꼭 풀어주고 싶었다.

"좋아요, 이것도 인연이라면 인연인데 내가 힘 닿는 대로 도와주지. 그럼 일단 만날까?"

 ### 정말 과학에 소질이 없나 봐요

그 소녀와 나는 아파트 상가에 있는 패스트푸드점에서 당장 만나기로 약속했다.

소녀는 나에게 보냈던 편지지와 같이 노란 스웨터를 입고 먼저 나와 있었다. 흰 피부에 주근깨가 있는, 정감 가는 얼굴이었다. 눈인사를 하는 모습이 수줍어 보이기는 했으나 야무진 눈매가 돋보였다. 공부를 제대로 해보겠다는 당찬 의지가 느껴졌다.

간단하게 서로 인사를 나누자마자 소녀는 이렇게 말했다.

"저는 정말 과학에 소질이 없나 봐요."

그 말을 마치자 소녀는 벌써 울상이 되었다. 나는 소녀의 말을 계속 들었다.

"제가 편지에 썼듯이, 저는 정말 과학을 잘하고 싶어요. 그렇다고 해서 제가 공부도 안 하고 성적만 잘 나오길 바라는 애는 아니에요. 저는 나름대로 과학 공부를 열심히 해요. 그런데 아무리 공부를 해

도 성적은 계속 제자리걸음이에요. 이 문제집 저 문제집을 풀고 또 풀어도 마찬가지예요. 그래서 공부를 조금만 게을리 하면 성적은 사정없이 뚝뚝 떨어져요. 얼마 전 시험도 과학 때문에 망쳤어요……."

소녀는 과학을 배워본 사람이라면 한 번쯤 빠져보았을 고민들을 하소연하듯 속속들이 얘기하고 있었다. 그녀는 결국 한숨까지 쉬면서 이렇게 말했다.

"……정말 전 과학적인 머리를 갖지 못한 건 아닌가 모르겠어요."

소녀의 당차 보이던 눈매가 어느덧 축 쳐져 있었다. 금방이라도 울 것 같았다. 그 모습에서 나의 중고등학교 시절이 떠올랐다. 그 당시 과학 시험을 본 후 나의 표정도 저렇지 않았던가.

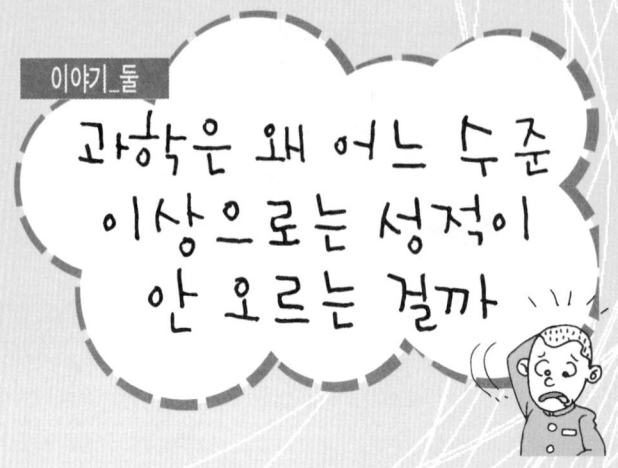

이야기_둘

과학은 왜 어느 수준 이상으로는 성적이 안 오르는 걸까

 나도 과학 공부에 대한 쓰라린 기억이 있다

나는 일찍부터 물리학에 대해 매력을 갖고 있었고, 그러다 보니 대학학과도 자연스럽게 물리학과로 택했다.

그래서 나를 만나는 사람들은 주저 없이 이렇게 묻곤 한다.

"원래 과학을 굉장히 잘하셨나 봐요."

"학창 시절 과학 성적이 대단했겠네요."

그러나 이에 대한 나의 대답은 '아니올시다' 이다. 이것은 한치의 거짓도 없는 진솔한 대답이다.

과학 성적이 제자리를 맴돈 것은, 기본 원리를 무시한 채 공식만을 무식할 정도로 외우기만 한 데에 근본 원인이 있었던 것이다.

중고등학교 시절 과학에 대한 나의 현실은 참으로 암담하고 우울했다. 분명히 나를 끌어당기는 묘한 매혹이 과학 속에 숨어 있긴 있는 것 같은데, 학교에서 배우는 과학은 그야말로 나의 그런 바람과는 너무도 거리가 먼 것이었다.

"외워!"

"모르면 일단 암기해!"

그랬다. 나는 처음부터 끝까지 무턱대고 달달 암기하는 과학을 중고등학교 시절 내내 강요당했다.

그에 대해서 반론을 펼 만한 대안이 없던 나로서는, 그렇게 하는 것이 최선의 길인 양 받아들일 수밖에 없었다. 공식을 못 외우면 그때마다 벌을 받고, 시험 성적이 나쁘면 몽둥이 찜질을 당하면서도, 그러한 과정이 과학을 바르게 배우는 첫 걸음인 것으로 생각하며 나는 그저 꾸준히 과학을 배워 왔던 것이다.

그랬으니 과학이 재미있을 리가 없었고, 공부를 해도 성적은 어느 한계 이상 오르지 않았다. 아무리 많은 문제를 풀고 시험에 임해도 나의 모의고사 성적은 마냥 제자리였다. 소녀가 지금 나에게 하소연한 내용을 나도 그대로 겪었던 것이다.

'왜 성적이 오르지 않지?'

답답하고 초조함이 가슴을 옥죄었다. 그 원인이 무엇인지 알고 싶었다. 그러나 그 답은 쉽게 나타나 주지 않았다.

'내 머리가 나쁜 게 아닐까?'

결국 나 역시 소녀처럼, 과학 성적이 제자리걸음을 하는 것을 두뇌 탓으로 돌리려는 바보짓을 하기도 했다.

 ## 성적이 오르지 않는 원인 발견

그러나 나는 나를 믿기로 했다.

'이건 내 머리가 나쁜 게 아니야. 내 공부 방법에 뭔가 중요한 문제가 있을 거야. 내가 뭔가를 빠뜨리고 넘어갔기 때문에 점수가 오르지 않는거야!'

나는 일단 그렇게 결론을 내렸다. 더불어 나는 과학 과목을 아주 외면하지도 않았고, 성적이 밑바닥을 기도록 방치하지도 않았다. 그렇게 나는 자신을 다독이며 자신감을 잃지 않도록 최선을 다했다. 그 덕택에 과학 성적은 최상위권은 아니어도 상위권 정도를 유지할 수 있었다. 하지만 나는 고등학교를 졸업할 때까지 그 '중요한 뭔가'를 찾아내지는 못했다.

그 답은 대학에 들어가서야 알게 되었다.

"무조건적인 암기가 문제였어!"

그렇다. 과학 성적이 제자리를 맴돈 것은, 기본 원리를 무시한 채 공식만을 무식할 정도로 외우기만 한 데에 근본 원인이 있었던 것이다.

　과학이란 시작에서부터 결론에 이르기까지의 과정이 실타래 풀리듯이 술술 풀려야 하는 것인데, 내가 학창 시절에 배운 과학은 물 흐르는 듯한 그런 연계성과는 너무도 동떨어진 것이었다. 참고서 한 장을 넘기기가 무섭게 내용은 수시로 끊어졌고, 그때마다 이질적으로 보이는 공식과 결론이 툭툭 튀어나왔다. 그러다 보니 과학이란, 재미는커녕 막막하고 무거운 스트레스일 뿐이었다.

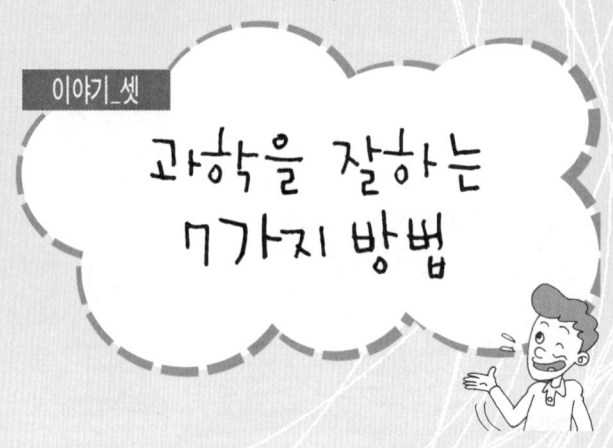

이야기_셋

과학을 잘하는 7가지 방법

 과학을 잘하는 7가지 방법

이 막막함을 우리는 풀어야 한다. 그래야만 거부감 없이 언제라도 기꺼이 과학 책을 펼쳐보고, 성적도 쑥쑥 끌어올릴 수 있을 것이다.

그것이 이 책을 쓴 목적이다. 나는 최소의 노력으로 최대의 효과를 얻을 수 있는 공부 방법을 이 책에서 하나하나 제시하려고 한다.

다음에 제시하는 일곱 가지 과정을 꾀부리지 않고 차근차근 답습하면 여러분의 과학 성적은 그야말로 일취월장할 것이다. 이 일곱 가지 학습법에 대한 자세한 설명은 이어지는 이야기들에서 상세히 다룰 것이다.

최소의 노력으로 최대의 효과를 얻을 수 있는 공부 방법을 이 책에서 하나하나 제시하려고 한다.

첫째 : 자신감을 갖는다.

둘째 : 참고서는 한 권이면 충분하다.

셋째 : 참고서는 요약 중심인 것보다는 내용이 충실한 것을 고른다.

넷째 : 문장의 의미를 제대로 파악하며 읽는다.

다섯째 : 참고서는 절대로 깨끗이 사용하지 않는다.

여섯째 : 이해가 안 되는 어휘가 나오면 주저 없이 사전을 찾는다.

일곱째 : 모르는 내용이 나오면 저학년 참고서로 연계 학습을 한다.

2장

과학을 잘하는 7가지 방법 I
— 자신감을 갖는다

두 가지 이야기

- 자신감이 가장 기본
- 어려워 봤자 우리 수준

이야기_하나

자신감이 가장 기본

 조급할 건 없으니 찬찬히

'자신감을 가져라.'

너무 흔한 말이다. 하지만 진리는 단순한 데에 있듯, 흔한 말 속에 승리의 요건은 충실히 갖추어져 있는 법이다.

이 소녀에게 당장 시급한 것은 자신감이다. 과학에 대한 잘못된 인식과 바르지 못한 학습 방법으로 인해 현재 소녀는 지쳐 있었다. 이런 상태가 좀 더 지속되면 소녀는 십중팔구 과학과 이별을 고하고 말 것이다. 과학은 어려운 과목, 나의 적성에 결코 맞지 않는 과목,

"과학을 잘할 수 있는 첫 단계는 '난 할 수 있어' 라고 하는 강한 자신감을 갖는 거야. 자신감을 갖느냐 마느냐는 모든 일을 해나가는 데 있어서 가장 기본이 되는 핵심 중의 핵심이야."

내 머리로는 안 되는 과목이라는 벽을 가슴에 두텁게 쌓으며, 나는 그런 소녀에게 용기를 심어줘야 했다.

"너는 과학에 소질이 없는 게 아니야."

"정말요? 그걸 어떻게 장담하세요?"

소녀가 반문했지만, 내가 그렇게 말해주기를 기다렸다는 듯한 표정의 변화를 읽을 수 있었다.

"척 보면 알지. 너는 과학을 포기하지 않고 창의적인 해결 방법을 찾으려 노력했어. 그런 창의적인 사고가 가능한 사람이 왜 과학에 소질이 없겠어?"

"제가요? 무슨 창의적인 방법이요?"

소녀가 무슨 말인지 알아듣지 못하고 물었다.

"나한테 편지로 도움을 청해온 것 말이야. 그게 남들은 생각해 내기 힘든 창의적인 방법이지. 아주 좋은 방법이었어. 안 그래?"

소녀가 그제야 밝은 얼굴로 소리내어 웃었다. 그 웃음소리가 줄어들 즈음에 소녀가 또 물었다.

"그럼 과학 성적은 왜 이렇게 안 나올까요?"

"글쎄, 일단 생각해 볼 수 있는 건 공부 방법이 잘못되지 않았나 하는거지."

소녀는 입가에 웃음을 멈추고 내 얘기를 들었다.

"정확한 진단은 너의 학습 방법을 차근차근 점검해 본 다음에 내릴 수 있겠지. 하지만 중요한 건, 내가 하라는 대로만 하면 너의 머리를 꽈악 짓누르고 있는 과학에 대한 고민을 말끔히 씻어 버릴 수가 있다는 거야."

"하라는 대로만 하면? 정말 믿어도 돼요?"

소녀는 다시 얼굴에 화색이 돌며 내 말을 반겼다.

"물론이지."

"그럼 방법을 알려주세요!"

"너무 조급하게 서두르지 마라. 급하면 체하는 법이니까."

소녀가 웃으며 고개를 끄덕였다.

"세상만사가 다 그렇듯이, 일정한 수준에 도달하기까지는 반드시 지나야 할 꼭 필요한 과정이 있고, 거쳐야 할 적절한 단계가 있는 법이지. 내가 설명할 과학 공부를 잘하는 방법도 결코 예외가 아니거든. 그러면 이제 그 첫 단추를 풀어보도록 하자."

소녀가 마른침을 꿀꺽 삼켰다.

 넌 할 수 있어

"과학을 잘할 수 있는 첫 단계는 '난 할 수 있어' 라고 하는 강한 자신감을 갖는 거야. 자신감을 갖느냐 마느냐는 모든 일을 해나가는 데 있어서 가장 기본이 되는 핵심 중의 핵심이야."

"그런데 그건, 너무 상투적인 말이잖아요?"

소녀가 당돌하게 되물었다.

"상투적인 말······, 그렇게 주장한다면 나로서도 할 말은 없어. 하지만 진리는 단순한 데에 있고, 흔한 말 속에 승리의 요건이 충실히 갖춰져 있지."

나는 말을 이었다.

"모든 세상사가 다 한 번에 이루어진다면 '난 할 수 있어' 와 같은 식의 자신감은 굳이 필요하지 않을 거야. 그렇지만 너도 알다시피 모든 일은 한 번에 이루어지지 않아. 오히려 장애물이 너무 많지. 그것을 극복해 냈을 때 우리는 종착점에 도착할 수가 있는 거야."

소녀는 입을 꼭 다문 채 듣고 있었다.

"그런데 자신감이 없는 사람은 어떻게 되겠어? 도중에 맞닥뜨리는 어려움 앞에 무력하게 굴복하거나 쉽게 포기해 버리고 말지. 그렇게 되면 죽도 밥도 아닌 거야. 애당초 아니한 만 못한 격이라고나 할까. 그래서 '난 할 수 있어, Yes I can' , '난 해낼 거야' 같은 꿋꿋한 자신감이 무엇보다 중요한 거야."

"그렇지만 성적은 계속 안 좋은데 어떻게 무조건 자신감만 가져요?"

소녀의 말에 나는 빙그레 웃었다.

"그렇지. 물론 무조건 자신감만 가질 수는 없어. 하지만 우선 짚고 넘어가야 할 것은 짚어야지."

나는 고삐를 늦추지 않고 말을 이어나갔다.

"너는 성적이 오르지 않는 걸 과학에 소질이 없는 것으로 간주하고, '나는 과학과는 거리가 먼 사람' 이라는 쪽으로 방향을 잡으면서 과학을 포기하려고까지 했어. 그렇지?"

"……네."

소녀가 나직이 대답했다.

"역으로 생각해 봐라. 난 할 수 없어, 라고 이미 포기해 버린 사람이 대체 뭘 할 수 있겠니?"

"……."

소녀는 고개를 숙인 채 대답을 하지 못했다.

그렇다. 자신감을 내던지는 그때부터, 그 사람은 무기력하고 대충대충 사는 허무한 인간으로 전락해 버리는 것이다. 과학 공부뿐만이 아니라 모든 생활에서 자신감은 가장 기본이 되는 것이다.

" '난 할 수 있어' 라고 굳게굳게 마음을 다잡아먹고 공부를 해도 고지까지 다다르는 데 험난한 고비가 한둘이 아닌데, 그런 마음가짐으로 대체 무얼 할 수 있겠어. 그래서 자신감은 가장 기본이 되는 거야."

　물론 소녀는 과학을 완전히 포기하려고 한 것은 아니다. 과학 공부를 잘해보려고 하는 마음이 없었다면 나에게 편지를 쓰고 나를 만나려고 하지도 않았을 테니까. 말은 엄하게 했지만, 나는 소녀가 앞으로 잘 해낼 수 있을 것이라는 생각이 들었다.

이야기_둘

어려워 봤자
우리 수준

 우리가 충분히 이해할 수 있는 수준이다

우리가 과학에 대해서 잘못 인식하고 있는 것 중의 하나가 '과학은 어렵다'고 하는 것이다. 의미를 파악하기도 어려운 기호와 공식들로 꽉 찬 과학 책, 게다가 그것들을 외우고 적용해야 한다니……. 생각만 해도 골치가 아픈 것이다. 그래서 과학 책이라고 하면 아예 펴들기조차 싫어하는 사람이 적지 않은 게 또한 현실이다.

최소한 책장은 열어보아야 과학 지식을 머릿속에 집어넣어도 넣은 터인데, 미리부터 지레짐작으로 겁을 잔뜩 먹고는 책조차 가까이

나는 '과학은 어렵지 않다' 고 주장하기보다는, '정상인이라면
누구나 과학을 쉽게 이해할 수 있다' 고 말하고 싶을 뿐이다.

하려 들지 않으니, 성적 향상 문제는 둘째치고 공부 자체가 될 리 없
는 것이다.

그렇다고 해서 '과학은 어렵지 않다' 고 단언하고 싶지는 않다. 아
무리 쉬운 과목이라도 관심 자체가 다른 곳에 가 있으면, 어렵다고
가까이 하려 하지 않는 것이나 하등 다를 바가 없기 때문이다. 다만
나는 '과학은 어렵지 않다' 고 주장하기보다는, '정상인이라면 누구
나 과학을 쉽게 이해할 수 있다' 고 말하고 싶을 뿐이다.

과학 책은 여러분이 충분히 납득하고 능히 받아들일 수 있는 수준
의 내용으로 되어 있다. 여러분이 초등학교부터 고등학교 3학년에
이르기까지 배우는 교과 과정은, 각 학년에 정상적으로 올라온 보통
의 지능지수를 가진 학생이라면 이해할 수 있는 내용인 것이다. 보
통학생이 머리의 한계를 느낄 만큼 지독히 복잡다단한 문제는 거의
없다. 다만 이러 저러한 여러 이유로 인해서 과학에 흥미를 붙이지
못하게 된 것이, 과학 책을 외면하고 과학을 멀리하게 된 원인이 되
었을 뿐이다.

여러분이 속한 학년에서 가르치는 과학 지식에 대해 당신이 정녕
머리의 한계를 느낀다고 확신하면, 당신은 지금 당장 그곳을 떠나서
다른 집단의 아이들이 모여서 학습하는 곳으로 가야 한다. 왜냐하면

내 나이 또래의 지능을 갖고 있는 보통 사람이 당연히 이해할 수 있는 내용을 내 머리가 버거워한다는 것은, 내가 보통 이하의 지능을 갖고 있다는, 즉 '나는 저능아다' 라는 의미에 지나지 않기 때문이다.

물론 초등학생이 중학생 과학 교과서를 이해하지 못한다거나, 중학생이 고교 수준의 내용을 보고서 고개를 절레절레 흔드는 것은 당연한 반응이다. 그러나 자기 학년의 교과서를 이해하지 못한다고 하는 것은 문제가 있다. 내 머리를 정말 의심해 보아야 하든지, 그게 아니라면 노력이 부족한 것일 터이기 때문이다.

하지만 단언컨대, 100명 중 99명은 과학을 못하거나 두려워하는 원인이 결코 머리에 있는 것은 아니다.

노력도 해보지 않았으면서, 남이 그렇다고 하니까 무조건 과학은 어려운 거라고 생각하여 외면하는 그런 우(愚)를 범해서는 절대 안 된다. 그것만큼 어리석은 행동도 없기 때문이다.

 안 배운 것을 모르는 건 당연하다

다음의 공식을 보자.

$$\Psi(x,t) = A\exp\left[\frac{-(x-x_0)^2}{4a^2}\right]\exp\left(\frac{iP_0x}{b}\right)\exp(iw_0t)$$

이것을 본 여러분들의 반응은 대체로 다음과 같거나 비슷한 반응들일 것이다.

"어휴, 머리 아파!"

"대체 뭐 저런 수식이 다 있어?"

한 번도 접해보지 않은 이 수식에 대한 이러한 반응은 자연스럽고 당연한 것이다.

하지만 대학의 물리학과 3, 4학년 학생에게 이것은 결코 낯선 수식이 아니다. '양자 역학(Quantum Mechanics)' 이라고 하는 전공 필수 과목에서 이와 비슷한 수식을 수없이 마주하기 때문이다. 그래서 중고등학생이라면 고개를 절레절레 흔드는 이 수식을, 물리학과 4학년생이라면 이것이 어디에 나오는 것이고 어느 내용에 적용하는 것인지, 또 그 속에 무슨 의미가 담겨 있는지 확실하게 알 수 있다. 그들에게 이 정도의 수식은 여느 수식과 별반 다르지 않은 하나의 단순하고 평범한 수식에 불과할 따름이다.

배우지 않은 것은 결코 어려운 것이 아니다. 대학생이 되어서 물리학과 1~3학년의 교과 과정을 자연스럽게 이수하게 된다면, 여러

분도 앞의 수식을 웃으면서 간단히 이해하고 넘어갈수 있는 것이다. 마찬가지로 중고등학교 때의 교과 과목도 자연스럽게 이해하고 넘어가야 한다.

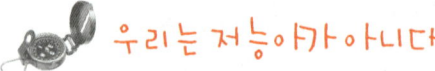

우리는 저능아가 아니다

나의 긴 이야기를 듣고 그제야 소녀가 닫았던 입을 열었다.

"이제 좀 자신감이 생기는 것 같아요."

소녀의 눈매에는 이제 다시 한번 해보겠다는 의지가 드러나기 시작했다. 그 모습을 보자 나도 뿌듯한 느낌이 들었다.

보통의 지능을 가지고 있는 우리 모두는 절대로 저능아가 아니다. 노력도 해보지 않고 자기 자신을 과학의 저능아로 떨어뜨려 버리는 어리석기 그지없는 행동을 다시는 저지르지 말아야 할 것이다.

"그럼 좋아. 두 번째 단계로 넘어갈까?"

갑작스런 나의 제안에 소녀의 눈이 또 휘둥그레졌다.

"두 번째 단계로 넘어가면 자신감이 더 확실해질 거야. 그러려면 네 공부방을 나한테 구경시켜 줘야 하겠는데."

"네? 제 방을요?"

"음. 네가 무슨 책을 가지고 어떻게 공부를 하는지 직접 봐야 할 것 같아서."

소녀가 잠시 머뭇거렸다.

"왜, 싫어? 방에 떡이라도 감춰놓았어?"

소녀가 웃으며 이내 말문을 열었다.

"그럼 가요. 숨겨놓은 떡은 없지만 주스라도 대접할게요."

소녀와 나는 웃으면서 패스트푸드점을 나왔다.

"공부방에 가서는 네가 평소에 공부한 방식 같은 걸 나한테 다 보여줘야 해. 부끄럽다고 감추거나 하지 말고. 또 내 말에 의문이 나면 자신 없다고 해서 가만있지 말고 그때그때 질문을 해야 하고. 알았지?"

"네."

내 말에 소녀가 웃으며 대답했다.

"복창 소리가 그것밖에 안 나오나, 알았나?"

"네!"

소녀는 어색함을 벗고 많이 발랄해져 있었다. 나는 자신을 밝히지도 못하고 수줍은 듯 전화를 했던 소녀의 목소리가 생각나서 혼자 피식 웃었다.

자신감+대안

계속해서 강조했듯이, 자신감은 중요하다. 하지만 이렇게 말만 던져 놓고서 끝낸다면 '그런 말은 누가 못해?' 라는 의문이 들 수밖에 없다.

자신감을 가져라, 용기를 가져라, 하는 말만 앞세우는 건 누가 못하겠는가. 이 말이 진정 효력을 얻으려면 자신감을 가질 수 있고, 용기백배할 수 있는 대안을 합당하게 제시해야 한다.

그 첫 대안으로 참고서를 선택하는 것부터 거론하고자 한다.

3장

과학을 잘하는 7가지 방법 2
— 참고서는 한 권이면 충분하다

두 가지 이야기

- 참고서는 한 권이면 충분하다
- 참고서가 한 권이면 충분한 또 다른 이유

이야기_하나

참고서는 한 권이면 충분하다

 참고서가 즐비한 소녀의 책상

"여기가 제 방이에요."

소녀가 나를 자기의 방으로 안내했다. 아담하고 깨끗한 방이었다. 화사한 벽지, 인형으로 장식된 창가가 눈에 들어왔다. 책상은 문을 들어서는 왼쪽에 있었고, 그 옆에 책꽂이가 벽을 등지고 서 있었다. 책꽂이에는 여러 종류의 책들이 빼곡히 꽂혀 있었다.

"책이 정말 많구나."

많은 책을 다양하게 가지고 있는 소녀가 대견스러웠다. 그 말에

장기적인 목표를 세우든 단기적인 계획을 잡든, 우리가 설정
해 놓은 시간 동안 최대의 효과를 얻어낼 수 있어야……

고무 되었는지 소녀가 대뜸 이렇게 말했다.

"참고서도 많아요."

참고서들은 책상에 붙은 책꽂이에 가지런히 꽂혀 있었는데, 그 말
대로 소녀는 정말 참고서를 많이 갖고 있었다. 과학 과목에 신경을
많이 쓰고 있다는 걸 보여주는 듯, 과학 과목 참고서만도 대여섯 권
이나 되었다.

"아유, 정말 많구나, 사느라고 돈도 많이 들었겠다."

내가 일단 웃으며 말을 꺼냈더니 소녀도 따라 웃었다.

"그런데 이 많은 걸 다 보니?"

내가 과학 참고서 중 하나를 펼쳐보며 물었다.

"그럼요, 이것저것 골고루 다 보고 있어요."

"한 권을 중점적으로 보지 않는다는 말이네?"

"……네."

소녀의 대답을 듣는 순간 내 표정에서 난감함이 스치고 지나갔나
보다. 소녀가 재빨리 말을 이었다.

"독서도 다양하게 하는 게 좋은 것처럼, 참고서도 여러 가지를 골
고루 보는 게 좋을 것 같아서요."

"그건 전혀 다른 얘기란다."

"무슨 말이에요?"

소녀가 놀라며 물었다.

"그러니까 말이지, 독서를 폭넓게 하는 것과 참고서를 다양하게 보는 건 서로 다른 시각에서 볼 문제라는 뜻이야."

소녀는 여전히 나의 말을 이해하지 못하겠다는 표정이었다.

 ### 시간절약과 효율성

"책을 많이 갖고 있다는 건 참 좋은 일이지. 풍부한 독서는 삶의 중요한 양분이 되는 게 사실이야. 하지만 참고서의 경우는 그것과는 다른 차원에서 접근해야 하거든."

"……?"

"물론 네가 참고서를 많이 갖고 있다는 게 나쁘다는 건 아니야. 솔직히 참고서가 많아서 나쁠 게 뭐가 있겠어. 참고서가 뭐 잡스러운 글을 모은 불량 서적도 아닌데 말이야. 나는 다만 효율성의 문제를 말하는 것 뿐이야. 같은 시간에 같은 노력을 기울였을 때, 이왕이면 남보다 좀 더 나은 결과를 끌어내는 게 좋지 않겠어. 그게 바로 능률을 극대화하려는 경제의 법칙이잖아."

소녀가 그제야 조금씩 고개를 끄덕이기 시작했다. 나는 설명을 계속했다.

"우리 인간 모두는 한정된 시간밖에 쓸 수 없잖아. 장기적인 목표를 세우든 단기적인 계획을 잡든, 우리가 설정해 놓은 시간 동안 최대의 효과를 얻어낼 수 있어야 하는 거야. 그래서 '참고서는 한 권이면 족하다' 고 말하고 싶어."

그렇다. 대학이라는 문에 들어서기 위해서 이 순간도 마음 졸이며 책상 앞에 앉아 책과 씨름을 벌이고 있는 우리의 청소년 친구들에게, 그래서 시간의 효율적인 사용은 더욱 절실할 수밖에 없는 것이다.

참고서가 많다고 능사는 아니다

우리의 교육 제도는 초등학교 6년, 중학교 3년, 고등학교 3년으로 이루어져 있다. 이 12년이라는 기간 동안에 우리 청소년들은 과학을 포함한 많은 과목을 한꺼번에 배운다.

시간은 한정되어 있는 반면, 습득해서 머릿속에 채워 넣어야 할 내용은 이처럼 교과 과정으로 꽉 틀이 잡혀 있으니, 남는 것은 어떻게 능률적으로 학습을 이어나가느냐 하는 것뿐이다. 그래서 그 시간을 잘 수행하느냐 그렇지 못하느냐에 따라서 성적은 천당과 지옥으로 나누어지게 되는 것이다. 그렇기 때문에 참고서는 하나면 충분하다고 계속해서 강조하는 것이다.

또한 참고서를 하나만 집중적으로 보게 되면 얻는 이점이 이뿐만이 아닌데, 그것에 대해서는 이어지는 이야기들에서 계속 논의할 것이다.

이제는 왜 책상 앞에 앉아서 무조건 이 책 저 책을 펴드는 것이 과학을 배우는 최선의 방책이 아닌지를 깨달았을 것이다.

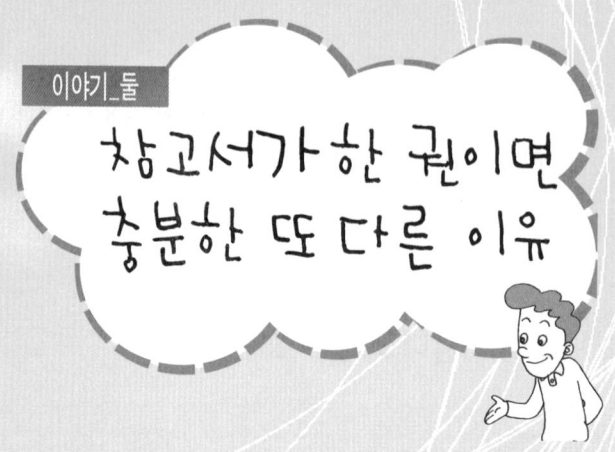

이야기_둘

참고서가 한 권이면
충분한 또 다른 이유

 내용은 거기서 거기

　앞에서는 시간의 효율적인 사용과 효과의 극대화를 위해서, 하나의 참고서를 집중적으로 공략할 것을 강조했다.

　그렇다면 단지 그 이유 때문에 참고서를 하나만 선택해야 하는 것일까? 중요한 또 다른 이유가 있다.

　우리 청소년들이 각 학년에서 배워야 할 내용은 다르지 않다. 초등학교 4학년 학생은 열과 온도에 관한 기초적인 지식을 습득하도록 되어 있고, 중학교 3학년 학생은 역학적 에너지에 대해서 간단히 유사한 여러 참고서 중에서 질적으로 우수한 참고서를 하나 골라, 여기서 지시하는 공부 방법대로 열심히 노력하면 되는 것이다.

맛을 보도록 되어 있으며, 고등학생은 연관과 교차 같은 보다 차원 높은 유전 현상을 알아보도록 되어 있다. 학년마다 기본적으로 가르치고 습득해야 할 내용이 정해져 있는 것이다. 그래서 참고서도 당연히 그러한 교육과정에 맞추어서 쓸 수밖에 없다.

시내 대형 서점에 나가 보면, 같은 과목 당 여러 출판사에서 찍어 낸 많은 참고서들이 주인을 기다린 채 빽빽이 꽂혀 있다. 그것들을 꺼내어 한번씩 훑어 보라. 표지는 달라도 내용은 거기서 거기다.

중학교 3학년 과학을 예로 들어보면 다음과 같은 내용으로 구성되어 있다.

1. 일, 일의 원리, 일률
2. 일과 에너지, 위치 에너지와 운동 에너지
3. 역학적 에너지 보존, 열과 역학적 에너지, 에너지의 전환과 보존
4. 전해질과 이온, 이온의 반응과 검출
5. 산과 염기, 중화 반응, 염
6. 산화와 환원, 산화 환원과 전자의 이동, 화학 전지
7. 지구 · 달 · 태양의 크기, 지구와 달의 운동
8. 태양계 행성의 운동, 태양계 내의 천체
9. 별, 은하와 우주

　이러한 체제와 내용의 구성은, 중학교 3학년 용이라고 서가에 진열되어 있는 과학 참고서라면 어느 출판사의 것을 꺼내어 살펴봐도 크게 다르지 않다.

　이처럼 과학 참고서는 각각의 학년에 오른 학생들이면 당연히 배워서 알고 넘어가야 할 공통의 내용을 담아서 상세히 풀어놓고 있는 것이다. 그렇기 때문에 이 참고서를 고르든 저 참고서를 구입하든, 그것이 수용하고 있는 내용에는 큰 차이가 없다.

　어디 그뿐인가. 참고서의 중간중간에 수록된 문제들을 한번 비교해보라. 단락이 끝나는 부분에는 참고서마다 비슷한 내용의 문제들이 수록되어 있다. 이 또한 그 학년에서 반드시 습득하고 넘어가야 할 중요 문제들을 싣다 보니까 그렇게 비슷한 문제들로 채워질 수밖에 없는 것이다.

 ## 좋은 참고서를 골라 방법대로 공부하자

이렇듯 내용도 크게 다를 바 없고 문제의 수준도 거기가 거기인데 굳이 여러 출판사에서 낸 참고서를 전부 다 구입해서 봐야 할 필요가 있을까? 그것은 금전적으로나 시간적으로나 낭비일 뿐이며, 우리가 지향해야 할 '시간의 효율적인 사용과 효과의 극대화' 라는 측면으로도 결코 바람직하지 못한 것이다. 유사한 여러 참고서 중에서 질적으로 우수한 참고서를 하나 골라, 여기서 지시하는 공부 방법대로 열심히 노력하면 되는 것이다.

그럼에도 불구하고 이왕이면 좀더 질적으로 우수한 과학 참고서를 선택할 필요가 있는데, 이에 대해서는 '좋은 참고서를 고르는 법'에서 다시 이야기할 것이다.

4장

과학을 잘하는 7가지 방법 3
— 내용이 충실한 것을 고른다

열여섯 가지 이야기

- 교과서만으로 공부해도 괜찮나요
- 참고서를 한 권만 선택하는 대신
- 소녀의 잘못된 참고서 선택
- 좋은 참고서는 이런 것이다
- 좋은 참고서의 요건
- 좋은 참고서의 요건 2에 해당하는 예
- 좋은 참고서의 요건 3에 해당하는 예
- 좋은 참고서의 요건 4에 해당하는 예
- 참고서를 갖춘 다음부터가 더 중요
- 좋은 참고서를 십분 이용하는 방법
- 이건 시험에 나오지 않겠지, 그러나
- 낭패감을 맛보았던 경험담 하나
- 학년에 맞지 않는 내용
- 과학고 준비생의 고민 이야기
- 진짜 어려운 문제와 그렇지 않은 문제
- '불필요한 내용'에 얽매이지는 마라

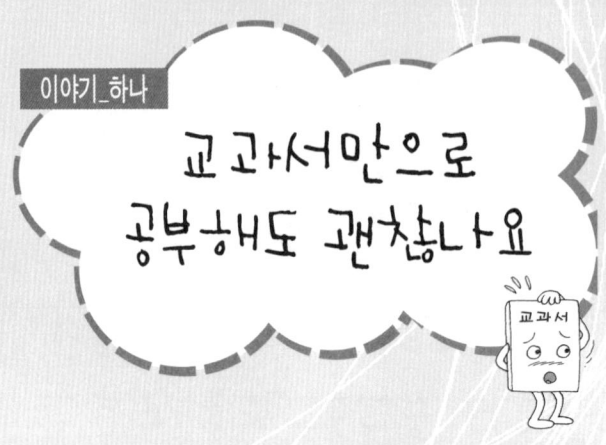

이야기_하나

교과서만으로
공부해도 괜찮나요

 교과서는 기본이라면서?

참고서는 하나면 충분하다고 내가 입에 침이 마르도록 강조하자,
소녀가 대뜸 이렇게 물어왔다.

"그러면 교과서로 공부하면 안 되나요?"

나는 소녀의 의중을 자세히 알고 싶었다.

"왜 그런 생각을 했니?"

"음, 교과서는 기본이라고들 하니까요."

"교과서가 기본이다, 기본이다……."

과학 교과서는 이미 학생들의 손에서 떠난 지 오래다. 시중에 나와 있는 모든 참고서들의 진정한 모범이 될 수 있는, 그런 제대로 된 과학 교과서가 아쉽다.

나는 나직이 되뇌었다.

"왜요?"

소녀가 내 얼굴을 보고는 의아한 표정으로 물었다.

"맞아. 교과서야 기본이지."

"그런데 왜 표정이 그러세요?"

"그건, 교과서가 기본이어야 하는데, 우리의 현실이 그렇지 못해서 안타까워서 그런거야."

"……?"

"결론적으로 말해서, 교과서만으로는 충분치 않다는 말이지"

나는 단호히 말했다.

 ## 교과서만으로 충분하지 않은 이유

'교과서는 기본이다.'

그렇다. 모든 학문에 있어서 교과서는 예외 없이 가장 든든하고 충실한 교재여야 한다.

그러나 우리의 현실은 어떤가. 다른 과목은 왈가왈부할 입장이 못되겠지만 과학 쪽은 강력히 주장할 수가 있다. 현재의 교과서만으로 과학 교육을 충실히 이끌어나가는 것이 수월치 않다는 우리의 가슴 아픈 현실을.

교과서를 한번 들추어 봐라. 몇 쪽 훑어보지 않아도 내용의 부실함이 역력히 드러난다.

과학은 무엇보다 원리를 이해하는 것이 중요하다. 그렇기 때문에 과학 책 속에 상세한 설명이 게재되어 있어야 함은 아무리 강조해도 지나치지 않다.

그런데 우리의 교과서는 어떠한가. 다음의 표는 교과서와 참고서를 간단히 비교해 본 예이다.

	교과서	참고서
내용	설명이 불충분하다	설명이 충실하다
그림	부족해서 내용 이해에 어려움이 따른다	풍부해서 내용을 이해하기 쉽다
실험	과정이 간단하게 실려 있다	그림과 함께 자세한 과정과 결과가 상세히 설명되어 있다
문제	거의 없으며, 대부분 정답만 나와 있다	다양하고 풍부할 뿐만 아니라 정답에 대한 해설이 실려 있다

이처럼 모든 면에서 교과서는 참고서에 비교가 되지·않는다. 교과서와 참고서의 질적 차이가 이렇듯 하늘과 땅 차이인데, 어떻게 교과서만으로 학습을 능히 해나갈 수 있겠는가.

가슴 아픈 일이지만, 현재로서 교과서만으로 과학 공부를 한다는 것은 매우 미흡하다.

과학 교과서에 대한 나의 기억이 어떠할지는, 과학 교과서에 대한 나의 혹독한 평가로 능히 짐작이 갈 터이다. 나도 중고등학교 시절 교과서를 거의 외면하다시피 했으니까.

솔직히 시인하면, 나에게 있어서 과학 교과서는 선생님에게 혼나지 않기 위해 수업 시간에 책상 위에 반듯하게 펴놓는 한낱 장식품일 따름이었다. 집에서건 도서관에서건 과학 교과서는 철저히 외면당하는 한 마리의 미운 오리 새끼일 뿐이었다. 값이 좀 비싸서 그렇지, 교과서보다 내용적으로 월등한 참고서가 곁에 있는데, 굳이 부실한 교과서를 들춰볼 필요가 있었겠는가.

과학 교과서는 이미 학생들의 손에서 떠난 지 오래다. 시중에 나와 있는 모든 참고서들의 진정한 모범이 될 수 있는, 그런 제대로 된 과학 교과서가 아쉽다.

우리의 미래를 든든히 짊어지고 나갈, 우리의 청소년들에게 제대로 된 과학 교과서는 천금과도 바꿀 수 없는 것이다. 우리에게 그런 과학 교과서는 이제 시급하다 못해 절박하다. 그런 과학 교과서가 한시 바삐 나오길 고대한다.

학교교육이 무너지고 있다고 여기저기서 아우성이다. 그 이유를 왜 먼 곳에서 찾으려고 하는지…….

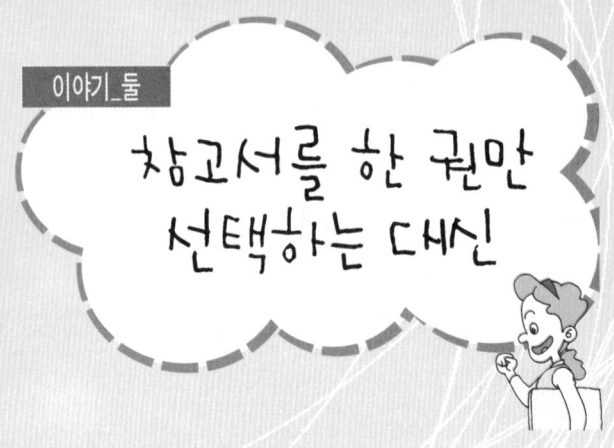

이야기_둘

참고서를 한 권만
선택하는 대신

교과서에 대한 나의 비판적인 견해를 듣고 난 소녀의 첫 마디는
이것이었다.

"아유, 혼란스러워요."

소녀가 왜 이렇게 혼란스러워하고 있는지 나는 짐작할 수 있었다.
그러면서도 능청스럽게 물었다.

"뭐가 그렇게 혼란스럽니?"

"과학 교과서는 충분치 않다, 참고서는 하나만 선택해서 집중적
으로 공부하라, 하고 강조하셨잖아요."

"그랬지."

표지가 예쁘거나 화려한 걸 선택하라는 말은 아니야. 네가 판
단할 때 가장 내용이 적절하다고 생각되는 참고서를 하나 골
라보라는 뜻이야.

나는 고개를 크게 끄덕였다.

"그런데 막상 참고서를 하나만 고르려고 하니까 어떻게 골라야
할지 난감하네요."

"그건 별로 어려운 일이 아니야."

나는 소녀의 책상 위에 꽂혀 있는 여러 권의 과학 참고서들을 가
리켰다.

"저 중에서 네가 직접 한번 골라봐라."

"제 마음에 드는 걸로요?"

소녀가 눈을 동그랗게 치켜 뜨며 물었다.

"그래. 하지만 표지가 예쁘거나 화려한 걸 선택하라는 말은 아니
야. 네가 판단할 때 가장 내용이 적절하다고 생각되는 참고서를 하
나 골라보라는 뜻이야."

"네!"

소녀는 참고서를 하나하나 끄집어내어 내용을 꼼꼼하게 살피기
시작했다.

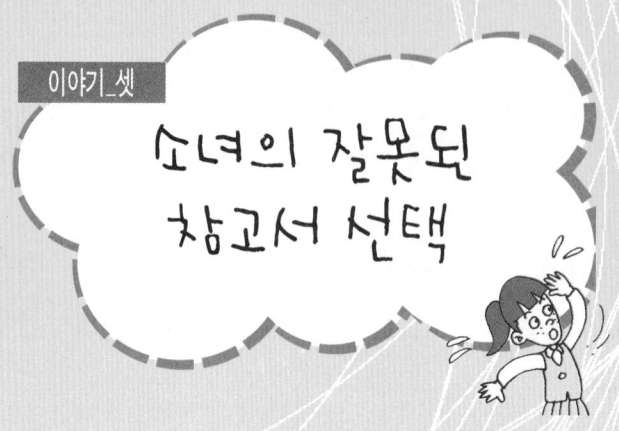

이야기_셋

소녀의 잘못된
참고서 선택

 소녀가 선택한 간결한 참고서

"이게 제일 마음에 들어요."

드디어 소녀가 참고서 한 권을 내 앞으로 내밀었다. 그 책은 과연 표지도 산뜻하고 본문 편집도 깔끔했다.

"왜 이걸 골랐니?"

나는 진지하게 물었다.

"내용이 간결하게 요약되어 있어서요."

그 말대로 소녀가 고른 참고서는 깔끔하기 이를 데 없었다. 군더

하나의 결과가 도출되기까지의 과정이 어떠했는지를 무시한 채 무조건적으로 암기하는 건, 기초 공사를 하지 않고 건물을 짓는 거나 다를 바 없는 거야.

더기 하나 붙어 있지 않다는 표현이 적절할 것이었다. 내용의 키포인트(key point)가 일목요연하게 정리된, 그야말로 책을 펼치면 중요 사항이 눈에 쏘옥 들어오는 그런 참고서였다. 이렇게 말이다.

일 : 힘의 크기와 힘의 방향으로 이동한 거리의 곱

$$W = Fs$$

중력에 대해 한 일 : 무게 × 높이

마찰력에 대해 한 일 : 마찰력 × 이동 거리

일의 단위 : 줄(J)

일률 : 단위 시간에 하는 일의 양

$$P : W/t$$

일률의 단위 : 와트(W)

에너지 : 일을 할 수 있는 능력

일과 에너지 : 일과 에너지는 같은 물리량이며, 같은 단위를 사용한다.

위치 에너지 : 높은 곳에 있는 물체가 지니고 있는 에너지. 중력에 의해 나타난다.

위치 에너지의 크기 : 물체의 질량과 높이에 비례한다.

$$U = 9.8mh$$

운동 에너지 : 운동하는 물체가 갖는 에너지

운동 에너지의 크기 : 물체의 질량과 속력의 제곱에 비례한다.

$$K = \frac{1}{2}mv^2$$

역학적 에너지의 보존 : 위치 에너지와 운동 에너지의 합은 일정하게 보존된다.

위치 에너지 + 운동 에너지 = 일정

$$9.8mh + \frac{1}{2}mv^2 = 일정$$

$$9.8mh_1 + \frac{1}{2}mv_1^2 = 9.8mh_2 + \frac{1}{2}mv_2^2$$

그러나 이 참고서는, 과학 책이 갖추어야 할 조건을 빠뜨렸다는 결정적 취약점이 있었다. 나는 물었다.

"그러니까 요점 정리가 잘 되어 있어서 이 책을 고른 거니?"

"네."

소녀의 대답은 더 이상 설명이 필요 없다는 투였다.

단순한
문제

소녀의 잘못된 판단

나는 소녀가 고른 참고서를 책상에 내려놓았다. 그리고는 그녀가 선택에서 제외한 책들을 빠르게 훑어보았다.

"이건 어떻다고 생각하니?"

나는 그 중 한 권을 골라서 소녀에게 건넸다. 소녀가 그 내용을 주욱 살폈다.

"말이 너무 많은 것 같아요."

"말이 너무 많다……, 그러니까 이걸 선택하지 않은 이유가 설명이 자세하다는 이유 때문이었니?"

"네."

소녀가 고개를 끄덕였다.

"정말 단지 그 이유 때문이었니?"

나는 소녀가 어떤 면을 중시해서 참고서를 선택하는지, 그 의도를 다시 한번 확인하고 싶었다.

"어차피 각 단원에서 배울 중요 사항과 공식들은 외워야 하잖아요. 그러자면 설명이 장황한 것보다는 요점 정리가 깔끔하게 돼 있는 것이 여러 모로 용이할 것 같았거든요."

언뜻 듣자면 소녀의 말은 이치에 맞는 것 같다. 그러나 그녀의 판단은 분명 잘못되었다.

"네 말대로 공식과 그 단원에서 꼭 알고 넘어가야 할 중요 사항은 외우는 게 좋겠지. 하지만 내가 앞에서도 강조했듯이, 하나의 결과가 도출되기까지의 과정이 어떠했는지를 무시한 채 무조건적으로 암기하는 건, 기초 공사를 하지 않고 건물을 짓는 거나 다를 바 없는 거야. 그건 너의 머리에 무거운 짐만 지워주는 짜증스런 스트레스일 뿐이라고."

"하지만 그 많은 설명을 다 읽을 순 없잖아요?"

소녀가 반박했다.

"왜 그렇게 생각하니?"

"그건, 시간 절약에 위배되니까요."

시간 절약이란 말을 소녀가 들고 나오자 내 입가로 쓸쓸한 미소가 스치고 지나갔다. 나는 잠시 말을 잊었다. 그러자 소녀는 의아스럽다는 눈길로, 한편으론 당돌하게 빤히 나를 쳐다보는 것이었다.

　"시간 절약은 선생님이 제일 먼저, 제일 중요하게 강조하신 거잖아요. 시간의 효율적인 사용과 효과의 극대화를 위해, 한 권의 참고서를 집중적으로 공략하라고 하셨으니까요."

　"그랬지."

　"그런데 왜 말을 뒤집으시는 거예요?"

　소녀는 집요하게 물어 왔다.

　"그건 말을 뒤집는 게 아니야. 네가 착각을 하고 있는 거지."

　"제가요?"

　소녀는 웬 뚱딴지같은 소리냐는 반응이었다.

　"그래, 네가 선택한 참고서로 시간을 줄일 수야 있겠지. 하지만 이런 참고서로 공부해서 시간을 줄인다는 건 큰 의미가 없어. 차원이 다른 문제라고. 그런데다가 이걸로는 효과의 극대화는 결코 바랄 수 없거든."

소녀가 움찔하자 이번에는 내가 말을 계속했다.

"마음만 먹으면 시간이야 얼마든지 줄일 수가 있어. 시간을 아주 줄이고 싶으면 아예 과학 책을 갖다 버리면 될 테니까. 그러면 과학 책을 아주 볼 일이 없을 테니까, 과학에 대해서라면 시간 사용이 제로가 되겠지. 그보다 더 시간을 절약할 수 있는 방법이 어디 있겠어?"

소녀가 뭔가 반박을 하려는 듯 입술을 움직이다가 그만두었다. 잠시의 침묵을 깨고는 내가 다시 말했다.

"하지만 우리가 그걸 원하는 건 아니잖아. 어떻게 하면 과학을 잘할 수 있는지를 배우려고 하는 거니까. 그렇게 하자면 당연히 과학 책을 펼쳐 보아야 하고, 그러면서 최대의 효과를 이끌어 내야 하지 않겠어? 그런데 효과가 미미하다면, 그건 아무 짝에도 쓸모가 없겠지. 다시 말해서, 시간을 절약했다고 해도 효과가 거의 없다면 그 참고서는 가치가 없는 거나 마찬가지인데, 시간을 줄인다는 것까지 큰 의미를 부여할 수 없다면 더 이상 언급할 필요가 없는 셈이지."

"그러니까 제가 하나만 알고, 둘은 몰랐다는 뜻이네요."

"좋게 봐주면 그렇고, 좀 심하게 말하면 아예 하나도 몰랐다고 봐야겠지."

소녀의 당당했던 기세가 보리자루 꺾이듯 수그러들었다.

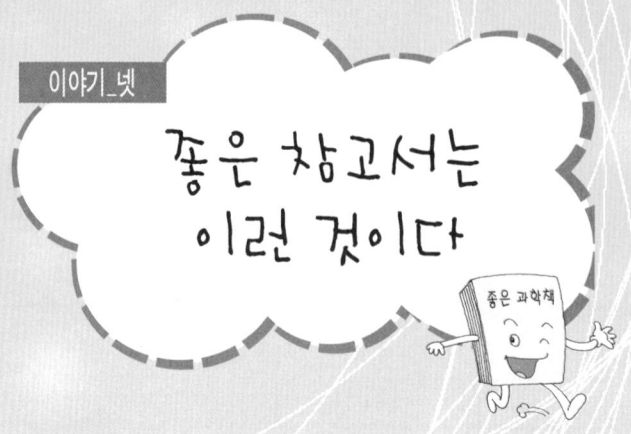

이야기_넷

좋은 참고서는 이런 것이다

 붓이 좋으면 글씨도 좋다

'명필은 붓을 가리지 않는다' 는 말은 재료를 탓하기에 앞서 열심히 정진하라는 뜻이다. 그러나 이는 질 나쁜 붓을 이용하건 질 좋은 붓을 사용하건 글씨의 유려함에 차이가 없다는 의미는 아니다.

붓이 좋으면 글씨가 잘 써지는 건 부인할 수 없는 사실이다. 나의 어릴 적 기억을 곰곰이 더듬어 봐도 그러하다. 붓사진

초등학교 미술 시간의 붓글씨 수업이었다. 내 붓은 먹을 묻혀 화선지에 갖다 대는 순간 붓끝이 허물어져, 아무리 노력을 해도 제대

'왜' 라는 의문이 군데군데 자연스럽게 던져져 있어야 하고, 결론이 도출되기까지의 과정이 합리적이고 논리적인 설명으로 명쾌히 풀어진 그런 참고서를 선택해야 하는 것이다.

로 된 글씨가 나오지 않았다. 그런 반면 우리 반 어떤 친구의 붓은 강하게 눌러써도 화선지가 먹을 다 흡수할 때까지 붓끝이 무뎌지지 않고 유지되어, 큰 힘을 들이지 않고서도 꼬부라진 궁서체를 번듯하게 써낼 수가 있었다.

이렇듯 재질이 우수한 붓과 좋은 글씨체는 긴밀한 관계에 있는 것이다. 그런데 이러한 관계는 비단 붓과 글씨체에만 한정되지 않는다.

예를 들어 탄성력이 우수한 골프채는 공을 때리는 데 유리하고, 딤플이 촘촘히 나 있는 골프공은 비거리(飛距離)가 뛰어나며, 특수 섬유로 제작한 운동화는 발의 피로를 덜어주는 등, 재질이 우수한 도구는 여러모로 이점을 주는 게 사실이다.

같은 맥락으로, 이와 같은 상황은 참고서에도 그대로 적용된다. 과학 공부를 하는 학생들에게 참고서를 선택하는 문제는 그래서 중요한 사안으로 떠오를 수밖에 없다. 어떤 참고서를 선택해서 학습에 임하느냐에 따라서 성적의 향상 속도가 달라질 수 있기 때문이다. 이 책 저 책 아무 것이나 붙들고 책상 앞에 앉는 게 중요한 것이 아니라, 내용이 충실한 참고서를 골라서 학습하는 것이 중요한 일이 되는 것이다.

"그러니까, 어떤 참고서가 좋은 건가요?"

소녀가 다시 물었다.

그러나 나는 소녀의 물음에 곧바로 답을 주지 않았다. 그걸 말해 주기에 앞서 긴히 덧붙일 말이 하나 더 있었기 때문이다.

 ## 언행일치가 잘 된 참고서

우리 모두 어려서부터 귀가 닳도록 들어온 말 중에 이런 게 있다.

"과학을 잘하려면 '왜', '어떻게' 와 같은 의문을 늘 가져야 한다."

그렇다. 과학을 배우는 사람은 '왜' 와 '어떻게' 를 항시 마음속에 지니고 있어야 한다. 그래야 과학에 흥미가 생기고 성적이 향상될 수 있다.

그런데 안타까운 현실은 이것이 초등학교 저학년까지만 통용된다는 사실이다. 과학을 본격적으로 학습하는 시기는 그 이후부터인데, 그러자면 중·고등학교로 올라갈수록 '왜', '어떻게' 에 대한 열정이 더욱 끓어올라야 한다. 그런데 어찌된 영문인지 초등학교 고학년만 되면 까마귀 고기를 구워먹은 양 '왜', '어떻게' 라는 의문이 순식간에 사그라져 버린다.

왜 이런 현상이 빚어지는 걸까? 그건 전적으로 올바르지 못한 우리 과학 교육의 책임이다.

A라는 빵집의 도넛이 맛있으면 절로 그 집을 다시 찾게 되고, B라는 책이 재미있으면 읽지 말라고 해도 구입한다. 이것은 자발적인 반응이다. 과학에서도 마찬가지이다. '왜', '어떻게' 라는 의문을 가

지라고 강요하지 않아도 그럴 분위기가 조성되면, 강제로 막더라도 자연스럽게 의문을 품고 제기하게 된다.

그러나 우리 과학 교육의 현실은 어떠한가. 중·고등학생에게 그런 의문을 품으라고 권하지도 않을 뿐더러, 그런 의문을 품을 수 있도록 마련된 변변한 교과서 하나 없다. 사방에서 들리는 소리라곤 '외워. 모르면 일단 암기해' 라는 강요와 들들 볶는 압박뿐이니 과학이라고 하면 넌덜머리가 날 수밖에 없다.

과학은 사유 과정을 배우고, 또한 그래야 하는 과목이란 것을 명심하자.

그렇다면 어떤 참고서를 골라야 하는지, 결론은 뻔하다.

그렇다. '왜' 라는 의문이 군데군데 자연스럽게 던져져 있어야 하고, 결론이 도출되기까지의 과정이 합리적이고 논리적인 설명으로 명쾌히 풀어진 그런 참고서를 선택해야 하는 것이다. 즉 '왜', '어떻게' 라는 의문을 듣기 좋은 허울로만 치부해 놓은 책이 아니라, 그것을 실제로 도입해서 책에 고스란히 담아놓은 그런 참고서를 선택해서 공부하란 뜻이다.

그렇게 하면 여러분이 과학에 대해 갖고 있는 선입견들은 절로 삽시간에 바뀌어 버릴 것이다. 과학은 가장 재미있는 과목이 될 것이며, 성적은 나도 모르게 쑥쑥 올라갈 것이다.

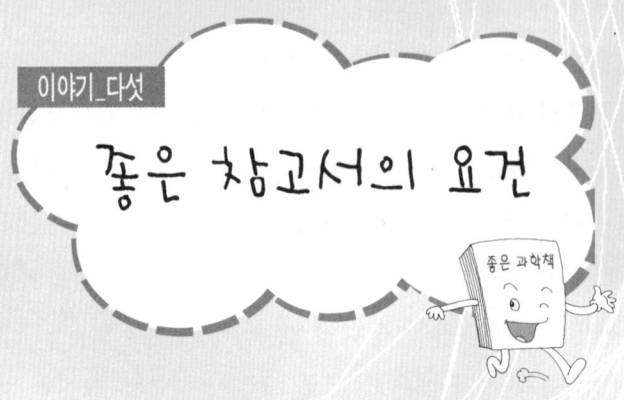

이야기_다섯

좋은 참고서의 요건

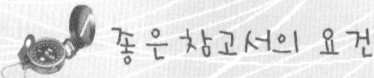

좋은 참고서의 요건

　나는 소녀의 질문에 차근차근 설명을 했고, 그녀는 연습장에 '좋은 참고서의 요건' 을 한 줄씩 또박또박 받아 적었다.

　다음의 내용 중 요건 1에 대해서는 '시간과 효과를 극대화하는 의미' 에서 자세히 설명한 바 있다. 그리고 요건 5와 6은 말 그대로이다. 그래서 여기에서는 요건 2, 3, 4에 대해서 예를 들어가며 심도 있게 다룰 것이다.

설명이 자세한 것이어야 한다. 그러나 불필요한 내용이 잡다
하게 게재되어 있는 것은 피하는 것이 좋다.

1. 요점만 정리된 참고서를 선택하지 않는다. 과학이 재미없고 짜증
   날 수밖에 없는 가장 심각한 원인을 제공하는 원천이 바로 이런
   책이다.
2. '왜'라는 의문이 곳곳에 던져져 있어야 하고, 그것을 명쾌한 논리
   로 풀어낸 것이어야 한다.
3. 설명이 자세한 것이어야 한다. 그러나 불필요한 내용이 잡다하게
   게재되어 있는 것은 피하는 것이 좋다.
4. 내용을 새기고 이해하는 데 도움이 되는 사진과 그림이 풍부한
   것이어야 한다. 단 사진과 그림은 선명해야 하고, 내용의 키포인
   트를 단번에 이해할 수 있도록 단순화시킨 그림이어야 한다.
5. 각 단원의 끝부분에 공식과 키포인트가 정리되어 있는 것이면 더
   욱 좋다.
6. 다양한 문제가 골고루 수록되어 있는 것이어야 한다.

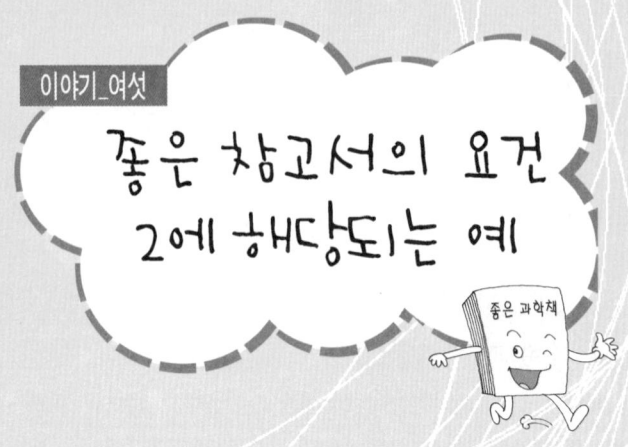

이야기_여섯

좋은 참고서의 요건 2에 해당되는 예

좋은 과학채

 적절한 예를 보여주세요

좋은 참고서의 요건을 다 적고 난 후 소녀는 잠시 생각에 잠기더니 곧 자리에서 일어나 책상으로 향했다. 그리고는 책꽂이에 빼곡히 꽂혀 있던 과학 참고서를 전부 꺼내 내 앞에 내려놓았다.

"좋은 참고서의 요건에 딱 맞는 부분을, 이 중에서 직접 골라서 보여주세요."

백 번 듣는 것이 한 번 보는 것만 못하다고 했다. 나는 주저하지 않았다.

합리성과 논리성을 무엇보다 중시하는, 과학 참고서가 갖추고 있어야 할 가장 중요하면서도 가장 기본적인 요건이다.

　"좋아, 눈으로 직접 보는 게 한결 낫겠지."

　나는 이렇게 말을 이었다.

　"여섯 가지 요건 가운데 '요약된 것은 안 된다' 라는 1번에 대해서는 이미 자세히 설명했지? 그럼 요건 2, 3, 4에 대한 적절한 예를 보여주도록 할게. 요건 5, 6은 생략해도 괜찮겠어?"

　"네. 5, 6은 이해가 잘 가니까 2, 3, 4만 해주시면 돼요."

　나는 참고서를 분주히 뒤적이기 시작했다.

 ‘왜’라는 의문을 명쾌한 논리로 풀어낸 예

나는 요건 2에 대해 설명하기 위해 '중력' 을 예로 들어보기로 했다.

"중력에 관한 원리 중에 이런 게 있지."

한 참고서의 '중력' 에 대한 단원을 펼쳤다. 거기에는 또박또박 이렇게 쓰여 있었다.

> 지구상에 존재하는 모든 물체는 중력의 영향을 받아서 동등한 속도로 낙하한다. 이것은 다시 말하면 돌이건 나무건 같은 높이에서 동시에 낙하하면 동시에 땅에 떨어진다는 의미이다.

나는 문장을 따라가던 볼펜을 여기에서 멈추었다.

"이쯤 읽었으면 의문이 생길 텐데?"

내가 소녀를 바라보며 물었다.

"왜 그런지 이유가 궁금해져요."

소녀는 예상대로 대답했다.

'같은 높이에서 동시에 낙하한다고 해도 상대적으로 무거운 돌이 나무보다 먼저 떨어질 것 같은데, 어떻게 해서 돌과 나무가 동시에 떨어진다는 걸까?'

소녀가 말한 대로, 이런 궁금증이 생기는 건 정상적인 사람이라면 당연한 반응일 것이다.

돌　나무　야구공

　좋은 참고서라면 이에 대한 해답이 될 수 있는 산뜻한 설명이, 그 문장 뒤에 마땅히 실려 있어야 한다. 그것이 합리성과 논리성을 무엇보다 중시하는, 과학 참고서가 갖추고 있어야 할 가장 중요하면서도 가장 기본적인 요건일 터이다. 예를 들어 이와 같은 식의 해설이면 될 것이다.

고대 그리스의 대학자 아리스토텔레스는 물체의 낙하 현상에 대해서 다음과 같은 생각을 갖고 있었다.

"물체의 낙하 속도는 질량에 비례한다."

이 문장은 이런 의미를 담고 있다.

〈돌이 나무보다 2배 무거우면 낙하 속도는 2배, 3배 무거우면 3배, 4배 무거우면 4배……가 된다. 다시 말해서, 돌이 나무보다 2배 무거우면 2배, 3배 무거우면 3배, 4배 무거우면 4배……로 빨리 떨어진다는 뜻이다.〉

이것의 진위를 가려 보자.

똑같은 공 모양의 돌과 나무를 줄로 단단히 묶어서 낙하시켰다. 돌의 질량은 나무의 5배이다.

아리스토텔레스의 생각이 틀리지 않다면, 돌은 나무보다 5배 빠르게 낙하해야 할 것이다. 그러나 돌과 나무는 한 몸이나 다름없이 줄로 꽉 연결되어 있는 까닭에, 서로의 낙하 속도에 영향을 줄 수밖에 없다. 즉, 돌이 무겁다고 해서 일방적으로 나무를 앞질러 떨어질 수는 없는 법이다. 그래서 두 물체는 돌과 나무의 중간 속도로 낙하하게 된다.

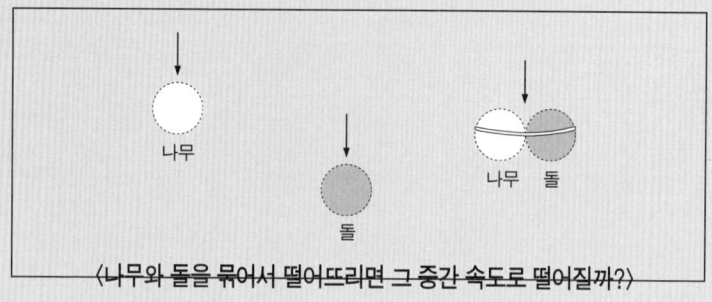

〈나무와 돌을 묶어서 떨어뜨리면 그 중간 속도로 떨어질까?〉

그러나 이것은 또 다른 관점으로 해석이 가능하다.

돌과 나무를 더한 총 질량은 나무의 6배이다. 그러므로 묶인 두 물체는 나무보다 6배 빠르게 떨어져야 한다. 아리스토텔레스의 견해대로라면, 물체의 낙하 속도는 질량에 비례하기 때문이다. 하지만 이것은 앞의 결과(묶인 두 물체가 나무와 돌의 중간 속도로 낙하한다)와 너무도 큰 차이를 보인다.

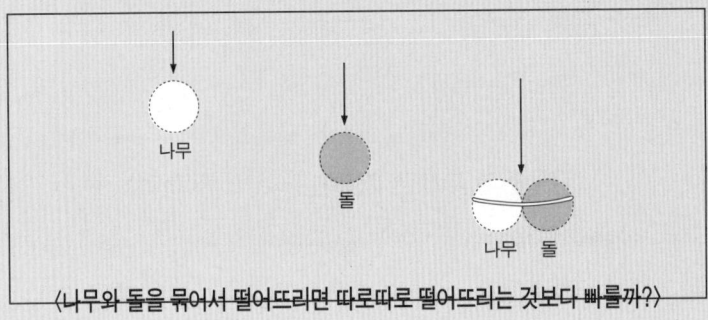

〈나무와 돌을 묶어서 떨어뜨리면 따로따로 떨어뜨리는 것보다 빠를까?〉

그렇다면 우리는 묻지 않을 수 없다.

"왜 이런 엇갈린 결과가 하나의 이론에서 도출된 걸까?"

답은 간단하고 명료하다. 아리스토텔레스의 견해에 오류가 내재되어 있기 때문이다. 그 이론이 모순을 내포하고 있는 까닭에, 이렇게 판단하면 이런 식으로 해석이 되고 저렇게 사고하면 저런 식으로 설명이 되는 것이다. 정말 옳은 이론이라면 이렇게 숙고하든 저렇게 궁리하든 항상 동일한 결과를 보여주어야 할 터이고, 보편타당한 우주의 법칙이라면 화성이나 북두칠성에서도 다르지 않은 결과로 나타나야 할 터이다.

그래서 아리스토텔레스의 생각은 이렇게 바뀌어야 한다.

'물체의 낙하 속도는 질량과 무관하다. 즉 무거운 물체이건 가벼운 물체이건, 같은 높이에서 동시에 낙하하면 동시에 땅에 떨어진다.'

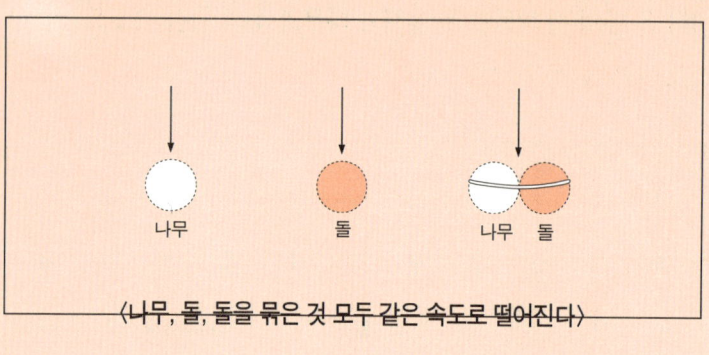

나무   돌   나무 돌

〈나무, 돌, 돌을 묶은 것 모두 같은 속도로 떨어진다〉

 ## 과학의 연계성을 체득하다

그러나 처음 고른 참고서는, 이와 같은 적절한 설명을 무시한 채 다음 내용으로 곧바로 넘어가는 것이었다. 이렇게 말이다.

지구상의 모든 물체는 항상 중력을 받는다. 지구의 중력이 작용하는 공간을 지구의 중력장이라고 한다. 지구상의 동일 장소에서 떨어지는 가속도는, 공기의 저항을 무시하면 질량, 모양, 크기에 상관없이 일정하다……

정녕 묻고 싶고 알고 싶은 건 이런 내용이 아닌데, 이건 단순한 결과일 뿐인데, '왜', '어떻게' 라는 의문을 항시 품으라고 강조하면서 어찌하여 가장 핵심이 되는 내용은 설명 없이 어물쩍 넘어가는 걸까?

　"이걸 읽은 느낌이 어떠니?"

　나는 아리스토텔레스의 중력 이론으로 물체의 낙하 법칙을 설명한 참고서를 가리키며 물었다.

　"궁금증이 아주 깔끔하게 해결됐어요."

　소녀의 얼굴이 화사해졌다.

　"그럼, 이 두 참고서를 비교하면?"

　나는 아리스토텔레스의 중력 이론이 게재된 참고서와 중력에 대해 낱낱의 결과만 열거한 참고서를, 무게를 달듯 양손에 하나씩 올려놓으며 물었다.

　"너무 차이가 많이 나서……, 어떻게 말을 해야 적당한 표현이 될 수 있을지 모르겠어요. 하지만 과학은 연계성이 있는 학문이라고 입에 침이 마르도록 강조하신 게 어떤 의미인지 이젠 제대로 알 것 같아요."

　"드디어 과학의 연계성을 이해했구나. 그걸 이해했다는 건, 과학의 반을 배운 것이라 해도 과언이 아니야. 그만큼 중요한 거니까."

　나의 칭찬을 듣자 소녀의 입가로 기쁨의 미소가 번져나갔다.

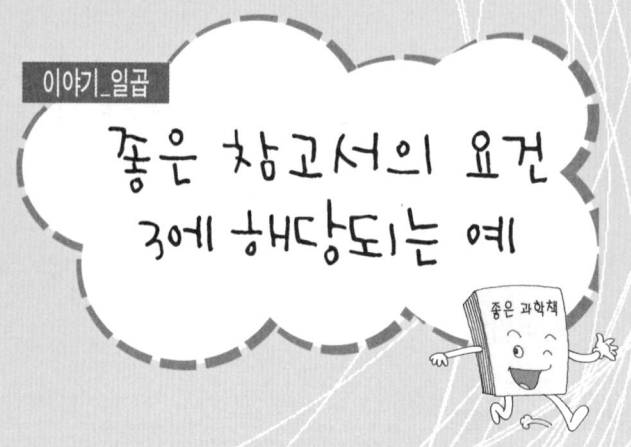

이야기_일곱

좋은 참고서의 요건 3에 해당되는 예

 요건 3의 예를 고르다

나는 좋은 요건 3에 해당하는 적절한 예를 고르기 위해 다시 참고서를 뒤적였다. 페이지를 넘기며 본문을 응시하던 내 눈에 '3점 검정법' 이란 글자가 들어왔다.

3점 검정법은 생물의 유전 부분에 나오는 내용으로, '휴먼 게놈 프로젝트(Human Genome Project)' 라고 해서 요즘 크게 각광받고 있는, 유전자 지도를 작성하는 기본 원리이다.

'그래, 이걸로 하자.'

'왜' 라는 의문에 대한 답이 게재되어 있기는 커녕 제시한 현상에 대해서조차 적절한 설명을 싣지 못한 책으로 공부하면서, 학습 효과를 기대한다는 것 자체가 모순이기 때문이다.

나는 3점 검정법이 나와 있는 참고서의 면을 펼쳐서 소녀에게 보여주었다.

"여기를 읽어볼래?"

소녀가 글을 읽어나갔다. 참고서는 3점 검정법에 대해서 이렇게 적어 놓고 있었다.

3점 검정법 : 염색체 지도를 작성하는 데 널리 이용하는 방법. 두 유전자 사이의 거리만으로는 정확한 위치 판별이 불가능한 까닭에, 염색체 지도를 작성하기 위해서는 세 개의 유전자가 필요하다. 방법은, 직선상에 유전자 한 개의 위치를 임의로 정하고, 이를 기준으로 하여 다른 유전자의 상대적 위치를 결정하는 것이다.

이것이 끝이었다. 아무리 눈을 씻고 찾아봐도 3점 검정법에 대한 더 이상의 언급은 추가되어 있지 않았다.

"내용이 이해가 되니?"

"아니요, 무슨 소린지 하나도 모르겠어요."

소녀는 단호히 고개를 저었다.

그랬다. 3점 검정법에 대해서 확실히 알고 있는 사람에게는 이 정도로 충분할지 모르겠지만, 이 단원을 처음 대하는 학생들에게 이건 턱없이 부족한 내용이 아닐 수 없다. 소수의 유전학자만을 대상으로 쓰여진 책이 아니라면, 적어도 다음의 두 내용에 대한 설명은 제시되어 있어야 할 것이다. 그것이 과학 참고서로서 갖추고 있어야 할 최소한의 요건일 터이다.

- 유전자 사이의 거리에 대한 정보가 둘뿐일 때, 염색체 지도를 작성하는 것이 가능하지 않은 이유
- 유전자 사이의 거리에 대한 정보가 셋일 경우 염색체 지도를 그리는 방법

 설명이 풍부한 것이어야 한다는 예

나는 참고서를 뒤져, 앞의 두 의문점을 상세히 설명해 놓은 것을 골라서 그 앞에 내놓았다. 거기에는 이렇게 쓰여 있었다.

1. 염색체 지도의 작성이 가능하지 않은 이유에 대한 설명

유전자 사이의 거리에 대한 정보가 둘뿐일 때, 염색체 지도를 작성하는 일이 가능하지 않은 건 이러한 이유 때문이다.

예를 들어, 유전자의 위치에 대해 다음과 같은 두 가지 정보를 알았다고 하자.

- 유전자 a와 b 사이의 거리는 7
- 유전자 b와 c 사이의 거리는 3

이 결과를 이용해서 염색체 지도를 그리면, 유전자의 위치가 하나로 엄밀하게 떨어지지 않고 두 가지가 가능하게 된다.

그러면 염색체 지도를 작성해 보자.

우선 유전자 a와 b 사이의 거리가 7이고 b와 c 사이의 거리가 3이므로, a에서 7만큼 떨어진 자리에 b를 정하고, 다시 거기에서 3만큼 떨어진 위치에 c를 잡는 방법이 있다. 다음 그림과 같다.

(ㄱ) a____7____b__3__c

그러나 이와는 다르게 생각할 수도 있다.

c의 위치를 b 너머에 정하지 않고 a와 b의 사이에 잡는 것이다.

즉, a에서 7만큼 떨어진 자리에 b를 그리고, b에서 a쪽으로 3만큼 들어간 위치에 c를 정하는 방법도 있을 것이다. 다음 그림과 같다.

(ㄴ) a____c___b
       4   3

이와 같이 두 가지 정보만으로 염색체 지도를 작성하면, c의 위치가 b너머인지 a와 b사이인지 명확한 가늠이 불가능하게 된다. 그래서 유전자 사이의 거리에 대한 정보가 둘뿐일 때는 염색체 지도의 작성이 가능하지 않은 것이다. 하지만 여기에 정보 하나가 더 추가되면 상황은 달라진다.

가령 다음과 같은 정보가 하나 더 발견되었다고 하자.

● 유전자 a와 c 사이의 거리는 10

유전자 지도 (ㄱ)과 (ㄴ) 중에서, 'a와 c 사이의 거리는 10'라는 조건에 딱 들어맞는 그림은 (ㄱ)이다.

이처럼 유전자의 거리에 대한 조건이 둘에서 하나가 늘어 세 가지가 되면 유전자의 위치에 대한 모호함이 깨끗이 사라지게 된다. 그래서 유전자 사이의 거리에 대한 정보가 둘일 때, 염색체 지도의 작성이 완벽할 수 없는 것이다.

2. 염색체 지도를 그리는 방법에 대한 설명

그러면 이제 본격적으로 유전자 지도를 그려 보자.

어떤 동물의 유전자를 조사한 결과, 떨어진 거리가 다음과 같았다.

- 피부색과 머리카락색 유전자 사이의 거리는 3
- 머리카락색과 팔 유전자 사이의 거리는 6
- 피부색과 팔 유전자 사이의 거리는 9
- 눈동자와 머리카락색 유전자 사이의 거리는 10
- 피부색과 눈동자 유전자 사이의 거리는 13

이 정보로 염색체 지도를 완성하려면 다음과 같이 하면 된다.

우선, 이 정보 중에서 아무 것이나 하나를 선택한다. 예를 들어 떨어진 거리가 가장 짧은 '피부색과 머리카락색 유전자 사이의 거리'를 먼저 선택해서 표시하면 이렇게 된다.

피부색___머리카락색 ·······················(ㄱ)
     3

다음으로 '머리카락색과 팔의 유전자 사이의 거리'를(ㄱ)에 표시한다. 그런데 팔의 유전자가 머리카락색 유전자 다음에 올 수도 있

고 피부색 유전자 앞에 올 수도 있기 때문에, 염색체 지도는 다음의
두 가지가 가능하게 된다.

피부색___머리카락색_____팔 ·······························(ㄴ)
     3   6

팔___피부색___머리카락색 ·······························(ㄷ)
  3   3

이 가운데 '피부색과 팔 유전자 사이의 거리는 9'에 어울리는 그
림은 (ㄴ)이다. 그래서 조건에 맞지 않는 (ㄷ)은 탈락한다.

다음으로 '눈동자와 머리카락색의 유전자 사이의 거리는 10'을
(ㄴ)에 덧붙여 그린다. 그러면 눈동자의 유전자가 팔 유전자 다음에
올 수도 있고, 피부색 유전자 앞에 올 수도 있는 까닭에, 이 또한 두
경우가 가능하다.

피부색___머리카락색_____팔___눈동자 ·················(ㄹ)
     3   6   4

눈동자_____피부색___머리카락색_____팔 ·············(ㅁ)
     7   3   6

이렇게 얻은 (ㄹ)과 (ㅁ)중에서, 마지막 데이터 '피부색과 눈동자 유전자 사이의 거리는 13'을 만족하는 것은 (ㄹ)이다. (ㅁ)은 피부색과 눈동자 사이의 거리가 7이기 때문이다.

따라서 유전자를 (ㄹ)과 같이 〈피부색-머리카락색-팔-눈동자〉의 순서로 배열되어 있음을 알 수 있다.

 ### 설명이 풍부한 책의 진가를 깨닫다

"설명이 많아서 불편했니?"

나는 3점 검정법에 대해 자세히 풀어놓은 참고서를 가리키며 물었다.

"아니오."

소녀가 손을 내저었다.

"읽는 데 시간이 많이 걸려서 후회됐니?"

"아니에요."

"그럼 이 책은……."

내가 3점 검정법에 대해 간단하게만 적어 놓은 참고서를 집어들려 하자 소녀가 막았다.

"이건 도움이 되지 않을 듯싶어요."

소녀가 미련 없이 그 참고서를 접었다.

그렇다. 내용 파악에 도움이 되지 않는 참고서는 있으나마나 한 것이다. '왜'라는 의문에 대한 답이 게재되어 있기는 커녕 제시한 현상에 대해서조차 적절한 설명을 싣지 못한 책으로 공부하면서, 학습 효과를 기대한다는 것 자체가 모순이기 때문이다.

소녀가 말을 이었다.

"설명이 풍부한 책이 왜 중요한지 이제는 알겠어요!"

나는 뿌듯한 웃음을 지어 보였다. 그리고는 적절한 예를 들어가며 3점 검정법에 대해 상세히 해설해 놓은 참고서를 집어 올렸다.

"글자 수가 많으니 이 책을 읽는 데 시간이 약간 더 걸리는 건 당연해. 하지만 이 참고서를 한 번 읽음으로써 3점 검정법을 완전히 알게 되었잖아. 3점 검정법을 서너 줄 요약해 놓은 참고서로는 결코 얻을 수 없는 지식을 획득한 거지."

"맞아요. 제가 저 책으로 3점 검정법에 대해서 공부했다면, 한숨만 짓고 한탄만 했을 거예요. 내 머리는 나쁜가 봐, 과학은 역시 모르겠어, 하면서요."

소녀가 3점 검정법을 서너 줄로 요약해 놓은 참고서를 가리키며, 강한 어조로 말했다. 하지만 그녀의 얼굴은 격앙된 목소리와는 달리 화사하게 바뀌어 가고 있었다.

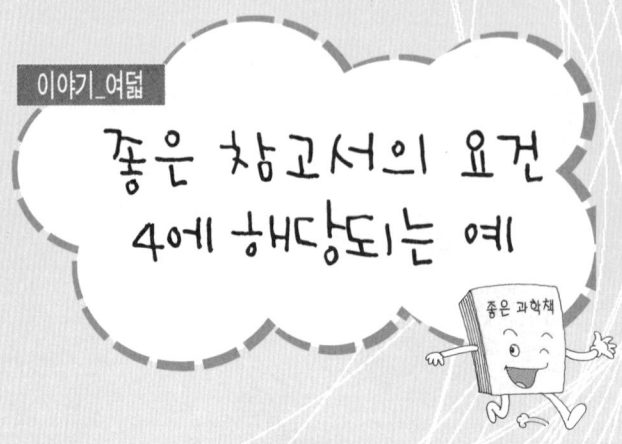

이야기_여덟

좋은 참고서의 요건
4에 해당되는 예

 사진과 그림이 많다고 무조건 좋은 건 아니다

좋은 참고서의 요건 2와 3에 대한 예를 접하면서 과학의 연계성과 설명이 풍부한 책의 진가를 알게 되자 소녀는 고무된 듯했다.

"요건 4에 대한 예는 제가 직접 찾아볼게요."

소녀가 내 앞에 수북히 쌓여 있는 참고서를 곧바로 뒤적이기 시작했다. 흡족한 미소를 지으며 참고서 한 권을 내게 건네기까지는 그리 오랜 시간이 걸리지 않았다.

"사진과 그림이 이것보다 풍부한 걸 찾긴 어려울 거예요."

무의미한 사진이나 그림의 나열이 아니다. 사진과 그림은 본
문 내용을 이해하는 데 보다 편리한 것이어야 한다.

소녀의 말은 결코 과장이 아니었다. 그 참고서는 매 쪽에 사진과 그림이, 그것도 서너 개씩 어김없이 실려 있는데다 사진의 선명도도 높았다.

"좋은데."

나는 책장을 넘기면서 이렇게 중얼거렸다. 소녀의 얼굴에는 미소가 더더욱 번져 갔다. 그러나 나의 다음 말에 그녀의 미소는 멈추었다.

"그런데 아쉬운 감이 없지 않은걸."

"……아쉽다면요?"

소녀가 조심스럽게 물었다.

"부족하단 뜻이야."

나는 직설적으로 대답했다.

"제 판단이 잘못됐다는 건가요? 좋다고 하셨다가, 다시 부족하다고 하시고, 그런 게 어디 있어요."

소녀가 뾰로통해졌다.

"그건 네가 고른 참고서가 최선은 아니란 의미로 받아주면 좋겠어."

나는 부드럽게 말을 이었다.

"그러니까 말이지, 사진과 그림이 무조건 많이 실려 있다고 해서 좋은 책은 아니란 뜻이야."

"왜요?"

소녀가 내 얼굴을 빤히 쳐다보았다.

"본문의 내용을 보다 알차고 확실하게 이해할 수 있는 사진과 그림들이 들어 있는 책이어야 한다는 거지. 물론 그런 사진과 그림들이 많이 포함되어 있으면 있을수록 책은 더욱 빛이 나겠지."

나는 내 말을 정확하게 전달해 줄 수 있는 참고서를 찾기 위해 다시 손과 눈을 부지런히 움직여야 했다.

 ### 사진과 그림이 선명하고 풍부한 예

나는 '파동'에 대한 단원에 이르자, 책장을 넘기던 손길을 멈췄다. 소녀 앞에 그 부분을 펼쳐 보였다.

"여길 읽어 봐."

거기에는 이렇게 쓰여 있었다.

파동의 간섭 : 다르지 않은 두 파동이 전파되어 중첩될 때 같은 위상으로 중첩되면 합성파의 변위가 커져서 강하게 나타나고, 서로 반대의 위상으로 중첩되면 소멸되어 약하게 된다. 이와 같이 똑같은 파동이 중첩되어 더욱 강해지거나 약해지는 현상이 파동의 간섭이다.

"이해가 되니?"

나는 이번에도 소녀에게 다시 물었다.

"무슨 뜻인지 감도 잘 안 잡혀요."

이번에도 소녀는 고개를 내저었다.

"설명이 너무 어려워요."

나는 다른 참고서를 펼쳐서 소녀 앞에 다시 내보였다.

"그럼 이걸 읽어 봐라."

그 책은 파동의 간섭 현상을 이렇게 설명하고 있었다.

> ……파동은 다양하게 어우러진다. 간섭 때문이다. 간섭이란, 둘 이상의 파동이 모여서 어느 부분에서는 강해지고, 또 어느 곳에서는 약해지는 현상이다. 파동이 강해지고 약해지는 것은 겹치는 위치가 어느 부분이냐에 따라서 달라진다. 파동의 마루와 마루, 골과 골이 겹치면 파동이 높아지고, 마루와 골이 어우러지면 파동이 낮아진다……

"이건 어떠니?"

"앞 참고서보다는 이해하기가 훨씬 쉬워요."

소녀가 대답했다.

"그래도 부족한 점이 있을 텐데?"

"네. 좀 그래요."

소녀가 고개를 끄덕였다.

"구체적으로 지적해 볼래?"

"뭔가 그림이나 설명 같은 게 더 있으면 좋겠어요."

그러자 나는, 소녀가 사진과 그림이 풍부하다고 자신 있게 골라서 내 앞에 내놓은 참고서를 집었다.

"그러면, 네가 사진과 그림이 많다고 선택했던 이 참고서를 한번 살펴볼까?"

나는 그 참고서의 '파동' 단원을 열었다.

"이 책에는 사진과 그림이 무수하게 들어 있어. 그러니 이걸로 공부하면, 네가 파동의 간섭 현상을 읽으면서 느꼈던 아쉬움은 충분히 보충될 수 있겠지?"

소녀는 책을 받아서 그 단원에 게재되어 있는 사진과 그림을 유심히 살폈다. 그러나 잠시 후 그녀가 고개를 갸웃거렸다.

"좀 이상하네?"

"뭐가?"

"사진과 그림은 많은데요……."

소녀가 혼잣말처럼 작게 말했다.

"그런데?"

"음……, 파동의 간섭 현상을 이해하는 데 그다지 큰 도움이 되는 것 같지 않아서요."

"좋은 지적이야. 네가 고른 이 참고서는 사진과 그림이 많기는 하지만, 내용을 이해하는 데 실질적인 도움을 주는 사진과 그림은 별로 없어. 그게 바로 이 책의 최대 약점이야."

소녀가 고른 참고서에는 파동 현상과 관련된 사진이나 그림이 다

양하게 실려 있었다. 파도가 해안가로 밀려드는 장면, 동심원이 고르게 퍼져나가는 호수면, 줄이 사인과 코사인 곡선을 그리며 움직이는 모양, 파동의 개략적 표현도 등등, 그 참고서는 그야말로 파동에 관한 사진과 그림을 한데 모아놓은 하나의 백과사전이라 해도 과언이 아니었다.

그러나 그것이 전부였다. 파동의 간섭 현상을 실질적으로 이해하는 데 도움이 되는 사진이나 그림은 빠져 있는 것이었다.

그렇다. 실로 필요한 것은 무의미한 사진이나 그림의 나열이 아니다. 사진과 그림은 본문 내용을 이해하는 데 보다 편리한 것이어야 한다. '파동'에 대한 단원이라면 파동의 간섭 현상을 보다 확실하게 전달해 줄 수 있는 사진과 그림이 반드시 게재되어 있어야 하는 것이다.

그런데 그런 절실한 사진과 그림은 보이지 않고 헛다리짚는 듯한 현란한 것들뿐이니, 사진과 그림이 아무리 많다 한들 그게 다 무슨 소용이겠는가. 내용 이해에는 별 도움이 되지 않는데 말이다.

요건 4의 의미를 알다

나는 파동의 간섭 현상에 대해서, 그런 대로 설명을 산뜻하게 해 놓은 참고서를 우리 앞으로 다시 가져왔다.

"여길 다시 볼까."

나는 파란 볼펜으로, 주목해야 할 문장의 처음과 끝에 괄호를 쳤다.

간섭이란, 둘 이상의 파동이 모여서 어느 부분에서는 강해지고, 또 어느 곳에서는 약해지는 현상이다. 파동이 강해지고 약해지는 것은 겹치는 위치가 어느 부분이냐에 따라서 달라진다. 파동의 마루와 마루, 골과 골이 겹치면 파동이 높아지고, 마루와 골이 어우러지면 파동이 낮아진다.

"이 문장을 읽고 나면, 뭔가 아쉬움이 남지 않니?"

"사진이나 그림이 있으면 좋겠어요."

"그러니까 내용을 좀더 명쾌하게 이해하는 데 도움을 줄 수 있는 사진이나 그림이 있었으면 좋겠다는 뜻이지?"

"네."

소녀가 고개를 크게 끄덕였다.

"그게 어떤 부분인지 더 구체적으로 지적해 보면?"

"음……, 파동이 높아지고 낮아진다고 하는 대목이에요."

"이 부분이란 말이지."

나는 볼펜으로 밑줄을 그었다.

간섭이란, 둘 이상의 파동이 모여서 어느 부분에서는 강해지고, 또 어느 곳에서는 약해지는 현상이다. 파동이 강해지고 약해지는 것은 겹치는 위치가 어느 부분이냐에 따라서 달라진다. **파동의 마루와 마루, 골과 골이 겹치면 파동이 높아지고, 마루와 골이 어우러지면 파동이 낮아진다.**

"그래요. 파동의 마루와 마루, 골과 골이 겹치면 파동이 높아지고, 마루와 골이 어우러지면 파동이 낮아진다고 하는 내용이요. 이 내용을 복잡하지 않게 이해시켜 주는 그림이 곁들여 있으면 좋겠다는 생각이 들었어요."

"가만있어 봐라."

나는 나직이 말하면서 또 한 권의 참고서를 집어들었다. 그리고는 파동의 간섭 현상이 나와 있는 면을 소녀에게 펼쳐 보였다.

"이런 종류의 그림이면 되겠니?"

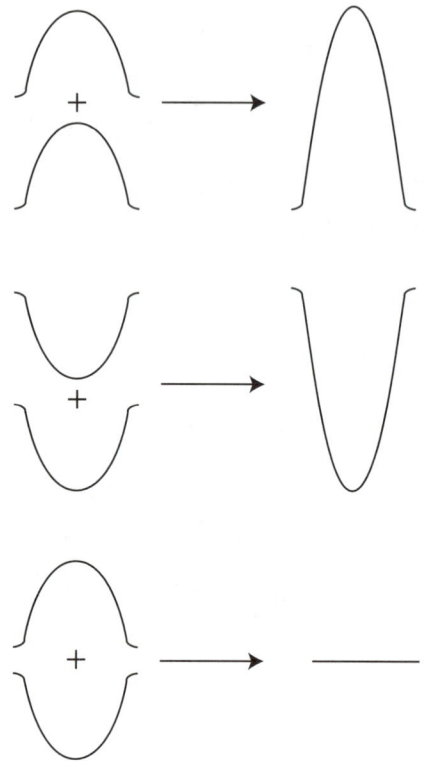

"네, 아주 좋아요!"

소녀는 그림을 보고는 탄성을 질렀다.

그렇다. 사진과 그림이 풍부해야 한다는 의미는, 본문의 내용을 이해하는 데 실질적인 도움을 줄 수 있는 사진과 그림이 많아야 한 다는 뜻이다. 사진과 그림을 도배하듯이 배열해 놓은 것이 아니라, 내용의 핵심을 콕콕 집어내어 이해 전달이 쉽도록 도와줄 수 있는 쓸모 있는 사진과 그림이 풍족해야 한다는 뜻인 것이다.

 ## 소녀가 좋은 참고서를 골라 놓을까

"아이고, 벌써 시간이 이렇게 되었구나."

창문을 보니 벌써 어둠이 내려 있었다. 더 이상 소녀의 집에 있는 것은 실례일 것 같았다. 서둘러 가방을 챙기자 소녀가 놀라 나를 보았다.

"그렇지만 아직 얘기를 들어야 할 게 많은데, 그냥 가시면 어떻게 해요?"

나는 신발 끈을 묶다가 잠시 생각하곤 말했다.

"그럼 이렇게 하자. 일주일 후, 오늘 만났던 시간에 여기서 다시 보는 거야. 그 동안 너는, 오늘 내가 강조한 대로 네가 볼 좋은 참고서를 한 권 골라 놓는 거지. 어때?"

"좋아요. 참고서를 결정한 그 다음부터 어떻게 공부할지 또 말씀해주실 거라면요."

소녀가 조건을 달았다.

"물론 그래야지. 그럼 일주일 후에 보는 거다."

우리는 손가락까지 걸고 헤어졌다. 소녀의 밝은 얼굴에서 자신감이 넘쳐 나왔다. 일주일 동안 소녀는 좋은 참고서를 골라 놓겠지?

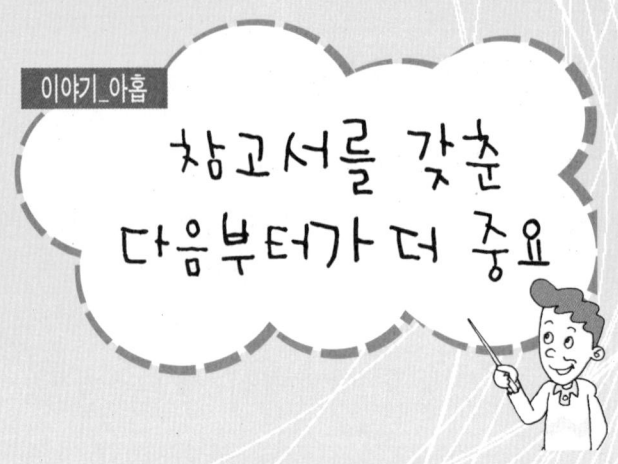

이야기_아홉

참고서를 갖춘
다음부터가 더 중요

 소녀, 드디어 좋은 참고서를 갖다

일주일 후, 소녀의 방.

소녀가 쟁반을 들고 방으로 조심스럽게 들어왔다. 쟁반에는 과일을 보기 좋게 깎아놓은 접시와 포도 주스가 담긴 유리컵이 두 개 놓여 있었다.

"아이고, 목말랐는데 잘 됐다."

나는 주스 컵을 낚아채듯 들고 한 모금 쭉 들이켰다.

"저보다 주스가 더 반가우세요?"

모름지기 읽어서 내 것으로 하지 않으면 아무리 좋은 내용을
담고 있는 과학 책이라고 해도 그건 내 것이 아닌 거야.

소녀가 웃음 띤 얼굴로 눈을 흘겼다.

"너무 목이 말라서 그만……. 잘 지냈니?"

내가 뒷머리까지 긁적거리며 인사를 하자 소녀는 웃음을 터뜨렸
다. 나는 곧바로 과학 공부에 대한 얘기로 들어갔다.

"그래, 마음에 드는 참고서를 골랐니?"

"네!"

소녀가 과일 접시로 향하던 손길을 멈추고, 가방에서 과학 참고서
를 꺼내 내 앞에 놓았다. 표지는 깔끔하게 디자인되어 있었다. 내용
을 펼쳐 보았다.

"괜찮나요?"

소녀의 물음이 다소 조심스러웠다. 일주일 전에 좋은 참고서는 어
떤 것이어야 하는지에 대해 얘기하면서, 참고서 선택을 두어 번 잘
못했다가 나에게 혼쭐난 기억을 떠올리고 있는 듯싶었다.

"아주 좋은걸."

소녀의 입가로 미소가 잔잔히 퍼졌다. 하지만 지난번에도 이러다
가 끝에 가서 흠 잡힌 적이 있었던 터라, 그녀는 완전히 안심하는 눈
치는 아니었다.

"그래도 혹시 나중에 가서……. 뭐라고 그러실 건 아니죠?"

"이만하면 전혀 부족함이 없을 것 같으니까 안심해."

"고맙습니다."

소녀의 얼굴이 한껏 환해졌다.

정말 그 참고서는 내가 강조한 좋은 참고서의 요건을 두루 충실히 갖추고 있었다. 요점만 간단히 정리되어 있지도 않을 뿐만 아니라 의문을 명쾌한 논리로 술술 풀어냈고, 자세한 설명까지 곁들여 있었다. 내용 이해에 도움이 되는 사진과 그림도 풍부했고, 각 단원의 말미에는 중요한 공식과 키 포인트가 산뜻하게 정리되어 있었다. 더군다나 중간중간 수록되어 있는 문제들은 참신하고 다양하기까지 했다.

 이제부터가 중요하다

"그러나 중요한 건 이제부터야."

나는 웃음을 그치고 힘주어 말했다.

"중요한 거라면?"

"좋은 참고서만 있으면 뭘 해, 그걸 보면서 노력을 해야 한다는 뜻이야."

"네에."

예상하고 있었다는 표정으로, 소녀가 시선을 접시로 옮기며 포크로 사과 한 쪽을 찍었다. 나도 따라서 사과를 한 입 물었다. 사각사각. 우리는 경쟁이라도 하듯 사과를 씹어 넘겼다. 그녀가 나보다 조금 빨랐으나, 다음 말은 내 입에서 먼저 나왔다.

"좋은 참고서를 고른다는 게 중요한 일이기는 해. 하지만 거기에서 더 이상 나아가지 못하고 멈춘다면 그건 아무런 의미가 없어. 다시 말해서, 좋은 과학 참고서를 선택했다고 하는 것 자체가 과학을 잘하게 해주는 보증 수표는 아니란 뜻이야. 노력이라는 행위가 뒤따르지 않는 꿈이 무의미한 공염불에 지나지 않듯이, 어렵게 구한 책을 들춰보지 않고 '이건 어디에 내놔도 부끄럽지 않은 훌륭한 과학 참고서야' 라고 대문짝만하게 써 붙여서 책장에 비치해 놓은들 그게 무슨 소용이 있겠어. 물론 장식용으로야 가치가 없다 하지 않을 수 없겠지만, 대체 그것이 과학 성적을 올리는 것과 무슨 연관이 있겠느냐 말이야."

"……."

소녀는 묵묵히 다음 말을 기다렸고, 나는 다소 장황스런 설명을 이어나갔다.

"단언하지만, 그건 결코 과학 성적을 끌어올리는 데 실질적인 도움을 주지 못해. 모름지기 읽어서 내 것으로 하지 않으면 아무리 좋은 내용을 담고 있는 과학 책이라고 해도 그건 내 것이 아닌 거야. 어렵게 선택해서 얻은 좋은 과학 책을 그래서 십분 이용해야 하는 거고, 그랬을 때 비로소 과학 성적이 부쩍부쩍 느는 법이라고."

나는 일단 여기까지 말을 끄집어내 놓고, 사과 한 쪽을 또 베어 물었다. 이제 본격적으로 소녀에게 설명해 줄 좋은 과학 참고서를 십분 이용하는 방법을 머릿속에 그리며.

이야기_열

좋은 참고서를 십분 이용하는 방법

 좋은 창과 방패도 써야 한다

　우수한 창과 방패 없이 만족할 만한 전투의 결과를 기대할 수 없듯이, 제대로 된 참고서 없이 흡족한 학습 결과를 기대한다는 건 가능하지 않은 일이다.

　하지만 어떤 방패라도 충분히 뚫을 수 있는 창과 어떤 창이라도 능히 막아낼 수 있는 방패를 갖고 있다 해도, 그걸 유용하게 사용하지 못하고 방치해 놓으면 아무 짝에도 쓸모 없는 고철덩어리에 불과할 따름이다. 마찬가지로 아무리 열심히 골라 훌륭한 과학 참고서를

아무리 열심히 골라 훌륭한 과학 참고서를 선택했다고 해도 그걸 제대로 활용하지 못하고 썩힌다면 아무런 의미가 없는 것이다.

선택했다고 해도 그걸 제대로 활용하지 못하고 썩힌다면 아무런 의미가 없는 것이다.

다시 한 번 상기하자. 우리가 궁극적으로 달성하려는 것이 무엇인지를. 좋은 참고서 한 권 골라보고자 하는 데 만족하려는 것이 아니라는 사실을. 그것을 십분 활용해서 과학 성적을 쑥쑥 끌어올리려는 데 목적이 있다는 사실을. 이것이 바로 이 책을 쓴 이유이다.

 ## 좋은 참고서를 십분 이용하는 네가지 방법

"그래서 제가, 시내에 있는 대형 서점 참고서 코너를 다 뒤져서 좋은 참고서의 요건에 딱 맞는 책을 이렇게 사온 거잖아요."

소녀가 참고서를 집으며 말했다.

"그런데?"

"그런데라니요?"

"무슨 얘기를 하다가 그런 말이 나왔더라?"

나는 엉뚱스레 말을 돌리며 사과를 계속 먹었다.

"좋은 참고서를 효과적으로 이용하여 공부하는 법에 대해서 얘기해 주신다고 하셨잖아요."

나는 포크에 남아 있던 사과를 입에 넣고 한참을 씹은 후에 말했다.

"그랬었나."

"어휴, 정말."

소녀가 예쁘게 눈을 흘겼다.

"알았다, 알았어."

나는 '좋은 참고서를 십분 이용하는 방법' 을 네 가지로 나누어서 말해 주었고, 소녀는 공책에 또박또박 받아 적었다.

좋은 참고서를 십분 이용하는 네 가지 방법

1. 문장에 담긴 의미를 제대로 파악하면서 참고서를 읽어나간다.
2. 참고서는 절대로 깨끗이 사용하지 않는다.
3. 참고서의 내용을 읽어나가다가 모르는 용어가 나오면 주저 없이 사전을 뒤져서 뜻을 알아본다.
4. 모르는 내용과 마주쳤을 때는 저학년 참고서로 연계 학습을 한다.

이야기_열하나

이건 시험에 나오지 않겠지, 그러나

 첫째 방법은 의미를 알 것같아요

좋은 참고서를 십분 이용하는 네 가지 방법을 노트에 간단하게 정리한 후, 소녀는 적은 글을 다시 한 번 쭉 읽어 내려갔다. 잠시 생각에 잠기는가 싶더니 이내 입을 열었다.

"문장에 담긴 뜻을 제대로 파악하면서 읽으라는 첫째 방법은 이해할 수 있을 것 같아요. 하지만 참고서를 깨끗하게 사용하지 말라고 하는 둘째 방법, 모르는 단어가 나오면 주저 없이 사전을 뒤져보라고 하는 셋째 방법, 저학년 참고서로 연계 학습을 하라고 하는 넷

'이건 시험에 나오지 않을 거야' 하고 멋대로 판단하고 넘어 갔던 바로 그 내용이 문제로 출제되는 경우가 허다하다.

째 방법은 전체적인 의미가 얼른 떠오르질 않아요."

"그럴 수도 있겠지. 하지만 걱정할 필요는 없어. 둘째, 셋째, 넷째 방법에 대한 자세한 설명을 해줄 테니까. 적절한 예를 들어가면서 말이야."

"고맙습니다."

소녀가 고개까지 숙여 새삼스럽게 인사를 했다.

"고맙긴 뭘, 그게 우리가 일주일 전에 한 약속이었잖아."

소녀가 씽긋 웃으며 다시 사과를 권했다. 나와 그녀가 사과를 먹는 소리가 잠시 대화를 멈추게 했다.

 ### 시험 문제는, 건너뛰고 넘어간 문장에서 나온다

이번에도 사과를 먹은 후 말을 먼저 꺼낸 것은 나였다.

"정독하라는 게 무슨 뜻인지는 알겠지?"

내가 포크를 내려놓으며 물었다.

"문장에 담긴 의미를 천천히 새기면서 읽으라는 말이잖아요."

소녀도 포크를 내려놓으며 대답했다.

"맞아. 그게 바로 내가 강조하는, 좋은 참고서를 십분 이용하는 첫번째 방법이야."

"과학 참고서를 읽으면서 정독하라는 건 당연한 말이지요."

소녀가 웃었다.

"당연하다……, 그렇게 말하면 솔직히 할 말이 없어. 하지만 내가 자신 있게 해줄 수 있는 말은, 그걸 당연하다고 여기면서도 실천으로 옮기는 사람이 그리 많지 않다는 거야."

"그건……그렇네요."

뭔가 기억난 일이 있었는지, 당당하던 소녀의 목소리가 고르지 않았다.

"밥을 꼭꼭 씹어 삼키면 소화시키는 데도 좋고, 영양소를 흡수하는 데도 여러 모로 이점이 많다는 걸 알고 있잖아."

"네에……."

소녀는 고개를 끄덕이며 말꼬리를 낮추었다.

"하지만 실제로 밥상에 앉아서 그렇게 하는 사람은 아주 드물어. 내가 생각하기에 우리 학생들이 과학 참고서를 대하는 태도도 이와 다르지 않다고 봐. 차근차근 문장을 읽어 나가면서, 왜 이런 결과가 어떻게 해서 나오게 되었는지 철저히 터득해 나가야 하는데, 그래야 탄탄한 이해가 가능할 수 있는데, 약간이라도 어려울 듯한 내용을 마주하면 거머리 떼를 피해 논을 뛰어 넘어가듯 그 문장을 훌쩍 비켜가 버리는 거야. 그리고는 수박 겉 핥듯이 그렇게 책을 읽고 나선 '한 번 다 봤다' 고 뿌듯해하는 거지. 특히 벼락치기 시험 공부할 때 이런 어리석은 짓을 많이 해. 그렇지 않니?"

"……그래요."

공부 끝~

소녀의 얼굴이 살긋 붉어졌다.

"그런 식으로 책을 읽는 게 완벽하지 못하다는 건, 다음날 시험지를 받아들면 곧바로 드러나게 되어 있어. 엊저녁에 책을 뒤적이면서 '이건 시험에 나오지 않을 거야' 하고 멋대로 판단하고 넘어갔던 바로 그 내용이 문제로 출제되는 경우가 허다하거든. 모름지기 과학 시험을 치러본 사람 치고 그런 경험을 한두 번 겪어보지 않은 사람이 없을 걸."

"그러면, 선생님도……?"

소녀가 묻고 싶은 게 무엇인지 알 것 같았다.

"물론 나도 그런 경험이 있지. 꾸며냈거나 들은 얘기가 아니라 내가 직접 겪은 일이야."

소녀가 미소를 띠었다. 동지를 얻어서 위안이 된다는 표정이었다. 나는 그녀의 기분을 좀더 편안케 해줄 경험담 하나를 머릿속에 그려 나갔다.

 앞내용을 건너뛰다

"예전에 내가 시험 공부하면서 겪었던 바보 같은 얘기 하나 들려줄까?"

"네!"

소녀가 제안을 반갑게 받았다.

"과학 과목의 매 단원이 어려웠지만, 그중에서도 특히 나는 '전기' 단원을 상당히 버거워했어."

"저도 그런데요."

다른 과목은 어떨지 모르겠지만, 과학을 찍어서 공부하겠다
는 발상은 절대로 가져선 안 돼.

소녀가 내 말을 반기듯 동조했다. 나도 그녀를 따라서 씨익 웃었
다.

나는 소녀의 책상에서 전기에 관한 내용이 포함되어 있는 과학 참
고서 한 권을 꺼내 왔다.

"전기 단원은 마찰 전기와 정전기 유도 현상을 설명하는 것에서
부터 시작해서, 전류와 전압과의 관계를 서술하는 순서로 내용이 차
례로 구성되어 있지. 이렇게 말이야."

나는 과학 참고서의 '전기' 단원을 펼쳤다.

책은 마찰 전기와 정전기 유도 현상에 대해 다음과 같이 설명하고
있었다.

- 마찰 전기 : 서로 다른 물체를 마찰시키면 전기를 띠는데, 이때 생
  긴 전기를 마찰 전기라고 한다. 마찰 전기는 기원전 600년 경 그
  리스의 탈레스가 호박을 문지르다가…….
- 마찰전기의 예 : 머리를 빗을 때 머리카락이 빗에 달라붙는다. 옷
  을 입고 벗을 때 빠지직 소리가 나거나…….

- 대전과 대전체 : 물체가 마찰에 의해서 전기를 띠게 되었을 때 대전되었다 하고…….
- 전기력과 전기의 종류 : 대전체 사이에 작용하는 힘이 전기력이며, 인력과 척력이…….
- 원자의 구조 : 모든 물질은 원자로 이루어져 있고…….
  전자의 이동과 대전 : 물체를 마찰하면 전자가 이동하…….
  마찰 전기의 발생 원인 : 전자가 이동하기 때문에…….
- 정전기 유도 : 금속 막대를 명주실에 매달고, 음으로 대전된 에보나이트 막대를 가까이 가져가면…….
- 검전기 : 정전기 유도 현상을 이용하여 어떤 물체가…….

나는 검전기에 관련된 내용이 끝나는 페이지에서 책장을 넘기던 손길을 멈추었다. 그리고 말을 이었다.

"이처럼 과학 참고서들이 예외 없이 전기 단원의 앞쪽에 마찰 전기와 정전기 유도 현상에 대해 자세히 다루고 있는 건, 그 내용이 원리적으로 상당히 중요한 의미를 지니기 때문이야. 그러니 전기에 관한 내용을 이해하려고 하면서 그 부분을 건너뛴다는 건 얘기가 안 되는 거지. 생각을 해봐. 가장 기본적이고 핵심적인 내용을 습득하지 않고서 어떻게 전체 내용을 제대로 배울 수가 있겠어? 그래서 기본 원리를 충실히 이해하고 넘어가야 하는 건 당연한 일인 거야. 그런데 나는 그러지 않았어."

그랬다. 나는 '이런 게 뭐가 중요하다고, 이렇게 쓸데없이 많이 적

어 놓은 거야' 하며 호기 좋게 그 부분을 훌쩍 뛰어넘어 갔다. 그리고
는 거리낌없이 전류 편으로 페이지를 넘겨서 전하량 구하는 공식,
직렬과 병렬 회로에서의 전류, 전압, 저항을 계산하는 일에만 몰두
한 것이었다.

 ## 건너뛴 부분에 시험 문제가 집중되다

그러나 당당했던 나의 그러한 결정은 이튿날 씻을 수 없는 후회로
곧바로 다가왔다. 시험 문제의 태반이 신경 쓰지 않고 넘어간 바로
그 부분에서 집중적으로 출제된 것이었다. 다음과 같은 문제들이.

- 마찰하지 않은 물체는 전기를 띠지 않는다. 그 이유로 적당한 것은?
- 유리 막대와 명주 헝겊을 문지른 후, 두 물체에서의 전자의 이동 상황을 가장 잘 보여주는 그림은?
- 대전된 물체는 인력이나 척력을 나타낸다. 이로부터 알 수 있는 사실은?
- 비커 위에 걸쳐 놓은 금속 막대에 털가죽으로 문지른 에보나이트 막대를 가까이 가져갔다. (ㄱ), (ㄴ), (ㄷ)에 모이는 전하의 종류는?
- (+)로 대전된 검전기에 (−)로 대전된 유리 막대를 근접시키면 검전기의 금속박은 어떻게 변할까?

"상황이 이렇게 되어버렸으니, 시험지를 받아든 내 기분이 어땠겠어? 망치로 뒤통수를 한 방 얻어맞은 기분이었다고나 할까."

나는 소녀를 바라보았다.

"그 기분 충분히 상상할 수 있어요."

소녀의 얼굴에서 남의 일이 아니라는 동류의식을 느낄 수 있었다.

"그런데 더 기가 막힌 사실은, 그 여파가 과학 과목을 망친 것에만 그치지 않고 다른 시험에까지 이어져서 지대한 영향을 끼쳤다는 거야. 그날은 시험 마지막 날이어서 4교시까지 시험이 꽉 차 있었는데, 첫 시간에 과학 과목을 그렇게 망치고 나니까 그 후유증이 뒷 시간까지 계속 이어지더라고. 다른 과목 시험을 보면서도 머리 한쪽으로는 내 미련한 행동에 대해 후회하고 있었으니 시험을 제대로 봤을

리가 있겠어? 알고 있는 걸 몽땅 쏟아 넣어도 모자랄 판에 말이야.”

나는 푸념하듯 말했다. 소녀가 위로의 말을 건넸다.

“저도 그 기분 알아요. 저도 지난번 중간 고사에서도, 그전 기말 고사에서도 비슷한 경험을 했거든요.”

 ### 과학은 절대 찍어서 공부하면 안 된다

“다른 과목은 어떨지 모르겠지만, 과학을 찍어서 공부하겠다는 발상은 절대로 가져선 안 돼. 과학을 잘하고 싶다면 그러한 태도는 버려야해. 과학을 가르치는 것도 아니고, 이제 겨우 과학 지식을 습득해 나가는 입장에서 감히 ‘이건 시험에 출제되지 않을 거야, 이런 건 시험 문제로 적당하지 않아’ 라는 식의 머리 굴리기를 하면서 과학을 배우려고 해선 안 된단 뜻이야.”

“……”

“이제 왜, 과학 참고서에 담긴 내용을 빠짐없이 꼼꼼히 챙겨서 읽으라고 하는지 그 이유를 알 수 있겠지?”

“네.”

소녀가 고개를 끄덕였다. 꼭 다문 입술이 그녀의 각오가 어떠한지를 대변해 주고 있었다.

학년에
맞지 않는 내용

 불필요한 내용이란

　나는 과학 참고서를 옆으로 치우며 다시 한 번 정독의 필요성을
강조했다.

　"중요한 얘기라서 계속 말하게 되는데, 어떤 내용이 과학 책에 빠
지지 않고 들어 있다는 건 그것이 과학 지식을 습득해 나가는 데 꼭
필요하다는 걸 뜻하는 거야. 불필요한 내용을 굳이 담아놓지는 않거
든. 인쇄비를 절약하거나 종이값을 아끼기 위해서라도 말이야. 그러
니 과학 참고서에 담긴 내용은 누가 뭐라고 해도 반드시 충실히 이

어떤 내용이 과학 책에 빠지지 않고 들어 있다는 건 그것이 과학 지식을 습득해 나가는 데 꼭 필요하다는 걸 뜻하는 거야.

해하고 넘어가야 하는 거야."

"알겠어요."

소녀가 다부지게 대답했다.

나는 남은 주스를 쭉 들이켰다. 그리고는 좋은 참고서를 십분 이용하는 둘째 방법으로 넘어가려고 했다. 그런데 소녀가 이렇게 물어오는 것이었다.

"그런데 불필요한 내용이란 어떤 건가요?"

"그건……"

나는 예상치 못한 질문에 잠시 동안 말을 잇지 못했다. 소녀는 내 입술을 주목하고 입을 꾹 닫은 채 나의 다음 말을 기다렸다.

"음……, 그건 학년에 맞지 않는 내용이라고 보면 돼."

"학년에 맞지 않는……?"

소녀가 나직이 되뇌며 고개를 갸웃거렸다.

"간단히 말해서 초등학생에겐 중학생, 중학생에겐 고등학생에 해당하는 과학 지식이라고 보면 돼."

"높은 학년에서 배우는 지식이란 뜻이네요?"

"그렇지."

 ## 고학년 수준의 내용이 해로운 건 아니지만

그러나 소녀는 여전히 고개를 갸웃거리는 것이었다.

"이해가 안 되니?"

"그게 아니라요."

"불필요한 내용이라고 해서…… 나쁜 건 아니잖아요?"

"당연하지. 과학 지식이 불량식품도 아니고 더러운 것도 아닌데 해로울 게 뭐가 있겠어."

"그렇죠? 그러면…… 불필요한 내용이라고 하지만, 그것은 어차피 지금보다 고학년이 되면 당연히 배워서 알아야 할 내용이잖아요."

"그래서?"

나는 소녀의 다음 말을 재촉했다.

"그렇다면 일찍 배워서 나쁠 건 없지 않겠어요?"

나는 비로소 소녀의 말을 이해할 수 있었다. 불필요한 내용이란 게 실제로 필요하지 않은 게 아니라 고학년이 되면 어차피 알아야 할 과학 지식인데 그걸 남보다 일찍 알아두는 게 뭐가 나쁘냐는 것이다.

소녀의 말은 그르지 않다. 지적인 성숙을 위해서 이로우면 이로웠지 하등 해가 될 게 없는 과학 지식을 남보다 앞서 배우는 것이 무엇이 나쁘겠는가.

소녀는 올바른 지적을 한 것이었다. 다만 그녀가 내 말을 받아들

이는 데 약간 오해가 있을 뿐이었다.

나는 오해를 풀기 위해, 얼마 전 만났던 과학고 준비생의 이야기를 들려주기로 했다.

이야기_열넷

과학고 준비생의 고민 이야기

 과학고 준비생이 과학을 어려워한다고?

몇 해 전 나와 친분이 있는 어느 분이 시간을 좀 내줄 것을 요청한 적이 있었다.

우리는 아담한 커피 전문점에서 이야기를 나누었는데, 그분이 꺼낸 말의 요지는 결국 자식의 교육 걱정이었다.

"……중학교 3학년 아들놈이 과학고 입시 준비를 하고 있는데, 과학을 어려워하는 것 같으니……."

좀 이상한 생각이 들었다. 그분의 아들이라면 나도 본 적이 있었

과학고 입시를 준비하는 학생들을 대상으로 하는 것이라곤 하지만, 그래도 그렇지, 중학생에게 어찌 이렇게 어려운 내용들을 가르칠 수가 있단 말인가.

다. 몇 달 전 그분 댁에 인사를 드리러 갔을 때 아들과 얘기도 나눠 보았는데, 과학 과목을 특히 좋아한다고 했었다. 그분도 평소에는 아들의 학교 성적이 최상위권이라고 나에게 자랑을 늘어놓곤 했는데, 몇 달 사이에 과학을 어려워하게 되었다니 선뜻 이해가 가지 않았다.

과학 과목 때문에 다소 침체되어 있는 아들에게 용기를 불어 넣어 줄 적절한 조언을 부탁한다는 그분의 간곡한 요구에, 쇠뿔도 단김에 빼랬다고 그분과 나는 곧장 그 집으로 향했다.

"공부하기 힘들지?"

내가 방으로 들어서며 아들에게 물었다.

"남들 다 하는 건데요 뭐."

그가 겸손하게 대답했다.

"그래, 우리나라 학생들은 어차피 다 하는 고생이라고 생각하는 게 낫겠지."

우리나라의 교육 현실과 여건만 생각하면 왜 이리 기분이 착잡한지, 나는 씁쓰름한 미소를 지으며 다음 말을 이었다.

"그건 그렇고, 과학 공부를 힘들어한다고?"

나는 계속 이상하다고 생각하면서 이렇게 물었다.

"그렇지 않은데요."

그가 고개를 갸웃하며 대답했다.

이게 웬 앞뒤가 맞지 않는 소리란 말인가. 그가 과학 때문에 힘겨워 한다는 말은 누구도 아닌 그의 아버지에게서 들은 것이다. 그것도 방금 몇 분 전에, 바로 코앞에서 마주보고 나눈 대화에서였다.

"아버지는 네가 과학을 어려워한다고 얘기하시던데. 그것도 아주 심각한 어조로 말이야."

"아……, 아버지가 그러셨다면 그건 아마 이것 때문일 거예요."

그는 이렇게 말하며, 가방에서 두툼한 프린트물을 꺼내어 나에게 건넸다.

 ### 학원에서 이 내용을 다 배운단 말인가

"이게 뭐니?"

나는 프린트물을 받아들며 물었다.

"학원에서 배우는 것들이에요."

그의 아버지 말에 따르면, 그는 요즘 특수고 입시생만을 상대로 고난도의 수학과 과학을 전문적으로 가르치는 학원에 다닌다고 했다. 지금 이 프린트물은, 그가 토요일과 일요일 이틀에 걸쳐서 학원에서 부지런히 수강하고 있는 내용들인 것이었다.

나는 어떤 내용들이 담겨 있는지 살피기 위해 프린트물을 한 장 한 장 넘겨보았다. 그러나 채 몇 장도 넘기기 전에 나는 벌어진 입을

닫을 수가 없었다.

"이걸 다 배운단 말이니?"

나는 의아스런 눈길로 그를 쳐다보았다.

"네."

프린트물을 보며 그가 맥없는 목소리로 대답했다.

'어찌 이런 일이!'

어처구니가 없었다. 과학고 입시를 준비하는 학생들을 대상으로 하는 것이라곤 하지만, 그래도 그렇지, 중학생에게 어찌 이렇게 어려운 내용들을 가르칠 수가 있단 말인가.

이 프린트물의 내용은 하나같이 중학교 교과 과정과는 동떨어진 것들이다. 그러나 나는 섣불리 단정짓고 싶지 않았다. 내가 현직 교사가 아닌 까닭에, 혹시 교과 과정이 바뀌었을 수도 있는 일이었으므로, 나는 그에게 물어 확인하고 싶었다.

"여기 나온 내용들이 다 학교에서도 배운 것들이니?"

"아니요."

그는 강하게 도리질했다.

예상대로였다. 프린트물의 내용은 거의가 고등학교에서 배우는 것이었으며, 심지어 몇몇은 대학에 들어가서야 만나게 되는 고급 지식이었다.

 ### 진짜 어려운 문제란

"학교에서 가르치지도 않는 내용을 왜 배우는 거니?"

나는 다소 감정이 깃든 목소리로 물었다.

"과학 고등학교 입시를 준비하는 학생들이 상위권인 데다가, 출제되는 문제가 상당히 까다롭거든요."

나는 잠시 말을 잊었다.

그래, 배우는 학생들이 무슨 잘못이 있겠는가. 이런 내용을 가르치며 학생들을 무모하게 다그치는 사람들이 문제라면 문제일 것이었다.

"넌 아직 어렵다고 하는 게 어떤 의미인지를 정확히 모르는 것 같구나."

"네?"

그가 두 눈을 번쩍 치켜 떴다.

"놀라지만 말고 내 말을 잘 들어봐. 과학에서 어렵다고 하는 건 배우지 않은 걸 뜻하는 게 아니야. 배운 내용으로도 풀기 까다로운 문제가 진짜 어려운 문제지."

"……."

"자, 이걸 봐라."

나는 그가 건네 준 프린트물을 한 장씩 들추며 차근차근 말을 이었다.

"여기 운동량과 운동량 보존 법칙에 대한 내용이 나오잖니?"

"네."

그는 천천히 고개를 끄덕였다.

"이건 고등학교 교육 과정에 나오는 내용이야. 그리고 여기, 각 운동량과 관성 모멘트와 각 운동량의 보존 법칙 같은 건 대학교 일반물리학 책에서나 다루는 내용들이지."

"……."

"그때 가면 이런 건 그다지 어려운 내용이 아니야. 하지만 중학교 수준에서 이런 건 버거울 수밖에 없어. 너희들은 우선 수학적 기본기도 충분하지 않은 데다가, 과학에 대한 여러 개념 자체가 아직은 깊이 있게 정립되어 있지 않은 상태거든."

그는 말없이 나의 다음 말을 기다렸다.

"문제는 얼마든지 어렵게 만들 수가 있어. 배운 내용으로도 말이야. 종합적 사고력을 요구하는 문제를 출제하면 되는 거니까. 물론 문제를 만드는 사람이야 머리가 약간은 지끈거리겠지."

나는 그에게 연습장과 필기도구를 꺼내보라고 했다.

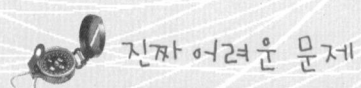

그는 연습장과 볼펜을 내 앞에 내밀었다.

"중학교 과정에 역학적 에너지 보존 법칙은 들어가 있는 걸로 아는데?"

"3학년 교과서에 나와요."

그가 즉각 대답했다.

"그렇다면 그걸 응용한 문제를 만들어서 출제해야 할 거야. 그게 바로 너희 수준에서 진정한 의미의 어려운 문제가 되는 거야. 예를 배우지도 않은 내용에서 문제를 출제한다면 그건 질타를 받아 마땅해. 그리고 출제자의 양식도 한 번쯤은 의심해 봐야 할 거라고 생각해.

들면 뭐 이런 문제겠지.”

나는 연습장에 문제를 적기 시작했다.

- 길이가 L이고 질량이 M인 진자가 수직선과 각도 S만큼 벌어져 있다. 이 상태에서 운동을 시작한 추가 왕복운동하면서 얻을 수 있는 최대의 속력은 얼마인가? 단, g는 중력 가속도이다.

- 실의 길이가 L이고 질량이 M인 물체가 연직선과 60° 떨어진 A 위치에 멈춰 있다. 그 리고 연직으로 L/2 되는 지점 B에 못이 박혀 있다. A에서 운동을 시작한 물체는 B에 이르면 못에 걸려 실의 아래 L/2 만큼만 운동을 하며 연직 방향과 60°의 각을 이루며 C점에 도달한다. C에서 물체의 속력은 얼마인가? 단, g는 중력 가속도이다.

"이런 거라면 너희 수준에서 해결할 수는 있지만 아주 어려운 문제라고 생각해. 왜냐하면 너희 수준에서 배우는 여러 지식들을 복합적으로 이용해야 하기 때문이야. 좀더 구체적으로 말하면, 중학교 3학년 수학시간에 배우는 삼각함수의 원리에다가 역학적 에너지 보존 법칙을 적절히 융합시켜야만 이 문제를 산뜻하게 풀어낼 수가 있단 말이지. 이처럼 알고 있는 내용을 십분 응용해서 해결할 수 있도록 만든 문제가 진짜 어려운 문제인 거야."

 수준을 뛰어넘어 손을 댈 수 없는 문제

내가 말을 계속했다.

"과학고 입시 문제가 아무리 어렵다고 해도, 이런 기본적인 틀을 벗어나서 문제를 내선 안 된다고 봐. 배우지도 않은 내용에서 문제를 출제한다면 그건 질타를 받아 마땅해. 그리고 출제자의 양식도 한 번쯤은 의심해 봐야 할 거라고 생각해. 예를 들어, 이런 문제가 나온 경우라고 할 수 있겠지."

나는 다시 문제를 적기 시작했다.

> ● 정지해 있는 질량 0.5㎏의 녹색 공에, 질량 0.3㎏인 초록색 공이 4 ㎧의 속도로 달려와서 충돌했다. 그 결과 녹색 공은 초록색 공이 달려온 방향으로 0.8㎧의 속도로 튕겨 나갔다. 초록색 공은 얼마의 속도로 어떤 방향으로 운동했을까?

- 수평으로 30㎧의 속도로 다가온 야구공을 0.8㎏의 야구 방망이로 때렸더니 연직 상방으로 60m까지 상승했다. 야구 방망이가 공에 가한 충격량은 얼마이고, 그때 작용한 평균력은 얼마인가? 단, 공과 야구 방망이의 접촉 시간은 0.02초였다.

- 반지름이 R인 구와 구껍질의 관성 모멘트는 얼마인가? 풀이과정을 구체적으로 제시하라.

"여기에 예시한 세 문제는, 중학생 입장에선 그야말로 황당한 문제라고 봐야 할 거야. 첫 번째와 두 번째 문제는 운동량과 충격량에 관한 내용을 묻는 것인데, 고등학교의 '물리2'에서나 언급되는 문제거든. 더구나 세 번째 문제는 대학 교양 물리학 교과서에 나오는, 고등학교 교과서에서는 언급조차 되어 있지 않은 수준 높은 고급 내용이라고."

 ## 우리의 교육은 왜 아직도 이 모양일까

나는 계속 말을 이었다.

"그런데 너는 이런 문제들을 풀겠다고 감히 덤벼들고 있어. 아니지, 네 뜻과는 상관없이 학원에서 가르치는 대로 따랐다고 봐야겠지. 여하튼 이게 말이 되는 소리겠어. 물론, 이것들이 중요한 내용이긴 해. 하지만 중요하다고 해서, 고등학교 대학교 수준에 해당하는 과학 지식을 전부 배울 수는 없는 일이잖아. 만약 운동량 보존 법칙에 대한 문제가 출제된다는 확실한 공고가 나왔다면, 물론 중학생 졸업자를 상대로 하는 시험에서 그런 문제를 출제하면 안 되겠지만, 필사적으로 공부해야겠지. 하지만 그런 보장이 없잖아. 어디서 어떤 문제가 나올 줄 알아. 차라리 모래사장에서 진주를 고르는 게 나을 거야."

나는 학원에서 배운다는 프린트물을 옆으로 치우면서 힐끔 그를 쳐다보았다. 그는 고개를 푹 숙이고 아무 말도 꺼내지 못하고 있었다.

'그래, 너한테 무슨 죄가 있겠니. 과학고에 들어가 보겠다는 굳은 결심 하나로 열심히 공부한 죄밖에 더 있겠니.'

이런 생각을 하니 그가 더욱 안쓰러워 보였다. 더불어 우리나라의 과학 교육 현실이 다시금 내 가슴을 아프게 했다.

이야기_열여섯

**'불필요한 내용'에
얽매이지는 마라**

오해의 해결

"이제 오해가 웬만큼은 해결되었으리라고 보는데."

내가 이야기를 마치며 덧붙였다.

"네. 뭐 별로 재미있는 얘기는 아니었지만, 불필요한 내용을 공부하지 말라고 한 게 어떤 뜻인지는 완전히 이해가 되었어요."

소녀는 혀를 낼름 내밀고는 웃었다.

불필요한 내용이라고 하는 건 '그런 내용은 배울 필요가 없다' 는 부정적인 의미가 아니었다. 우리에게 주어진 한정된 시간을 유용하게 이용하여 공부에 집중 투자하라는 긍정적인 뜻이었다.

시험이 코앞인데, 시험에 나오지 않을 내용을 공부하는 건 하
등 도움이 되지 않는 어리석은 짓이다.

 쓸데없는 낭비를 하지 마라

　나는 부연 설명을 하기 위해 다시 입을 열었다.

　"중학생이 고교 수준의 지식을 미리 알아서 나쁠 건 없어. 하지만
그건 어디까지나 시험과는 무관한 선에서 이루어져야 하는 거야. 왜
냐하면 우리의 당면한 현실이 그걸 허락하지 않기 때문이지."

　그렇다. 우리 사회는 시험을 치르는 것으로 공부에 대한 평가를
한다. 시험지에 출제한 문제를 정해진 시간에 누가 더 많이 올바르
게 풀었느냐에 따라서 점수가 달라지고 등수가 판가름나는 것이다.
뒤집어 말하면, 이 책 저 책을 통해서 이 내용 저 내용을 많이 읽고
듬뿍 알았다고 해서 성적이 오르고 등수가 상승하는 건 아니라는 말
이다.

　"성적을 내 마음대로 후하게 주고 싶을 때 후하게 줄 수 있다면
얼마나 좋겠어. 하지만 그렇지 않잖아. 객관적으로 명백히 드러나는
점수에 따라서 1등과 꼴찌가 확연히 갈리잖아. 그래서 시험에 나올
내용을 집중 공략해서 최대의 성과를 이끌어내야 하는 거야. 그런데
시험 범위와는 아무런 상관없는 내용에만 집착하듯이 매달리면 어

찌 되겠어. 결과는 불을 보듯 뻔하지 않겠어? 성적은 떨어지기만 할
테지.”

“정말 그래요. 오르기는 어려워도 떨어지기는 쉬운 게 바로 성적
이랑 등수인 것 같아요. 웬만큼 공부해서는 좀체 티도 안 나면서도,
조금만 방심하면 끝을 모르고 하락하거든요.”

소녀가 다소 흥분한 목소리로 말했다.

“경험에서 우러난 얘기인가 본데?”

“뭐, 그냥…….”

소녀는 멋쩍게 웃는 것으로 대답을 대신했다.

“그래서 고등학교 입시 준비를 하는 중학생은 무엇보다 바로 중
학교 과학 지식을 아는 데 충실해야 하는 거야. 과학고 입시생의 경
우처럼, 중학교 과학 지식을 우습게 보고 고등학교와 대학 수준의
지식에만 매달려선 안 되는 거란 말이야.

물론 잘해보려고 그런다는 걸 모르는 바는 아니야. 하지만 그건
자칫하다간, 빈대 한 마리 잡으려다 초가삼간을 몽땅 태우는 꼴이
될 수 있는 행동이야. 시험에 나온다는 보장도 없는 내용을, 아니 내
가 봐선 당연히 나오지 않을 내용을 갖고 골머리를 썩이고 있으니
그런 미련한 짓이 어디 있겠어. 그건 괜스레 아까운 시간만 낭비하
는 꼴이 되는 거지. 그가 그렇게 쓸데없이 시간을 허비하는 동안에,
다른 학생들은 알차게 시험 준비를 하고 있을 테니까.”

그렇다. 시험이 코앞인데, 시험에 나오지 않을 내용을 공부하는
건 하등 도움이 되지 않는 어리석은 짓이다. 과학 성적과 등수에 초
연하고 싶다면 그렇게 하겠다는 걸 굳이 말리고 싶진 않다. 하지만

그렇지 않다면 그런 우매한 행동으로 소중한 시간을 낭비해서는 안될 것이다.

 ## 그래도 고학년 참고서를 이용하고 싶다면

그러나 좀더 깊이 있는 공부를 해야 하는 상황이라면, 예를 들어 과학고 입시를 준비하는 그의 경우처럼 고난도의 문제를 풀어야 하는 경우라면, 고등학교 참고서를 이렇게는 이용할 수가 있을 것이다.

우선 중학교와 고등학교 참고서 모두에 포함되어 있는 내용을 찾는다. 예를 들면 역학적 에너지 보존 법칙은 그런 내용에 해당하는 적합한 내용이다. 같은 역학적 에너지 보존 법칙이라고 해도, 중학교보다는 고등학교 참고서에 게재된 내용이 한 차원 높은 게 사실이다. 그러므로 역학적 에너지 보존 법칙과 관련된 본문 내용을 꼼꼼히 읽으면서, 수록된 문제를 차근차근 풀어보는 것은 실력 향상에 상당한 도움이 될 뿐만 아니라, 고난도 문제에 대비하는 시험 준비에도 매우 유용한 방법이 된다.

하지만 운동량과 충격량, 기하 광학, 열역학의 법칙 등등과 같은 내용은 중학교에선 언급조차 되지 않는다. 따라서 이런 단원은 당연히 걸러내야 한다. 앞서 지적했듯이, 그것은 시간만 잡아먹는 것이기 때문이다.

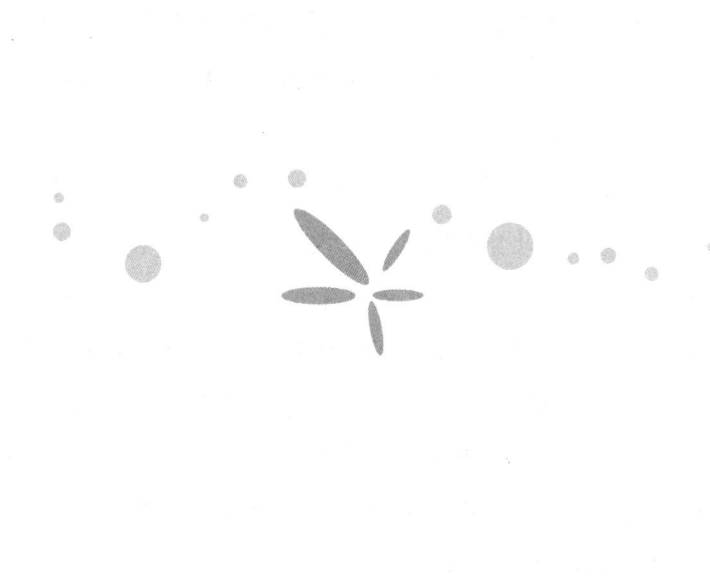

5장

과학을 잘하는 7가지 방법 4
─ 문장의 의미를 파악하며 읽는다

다섯 가지 이야기

- 시간을 절약한다는 의미
- 기본 원리를 제대로 파악하라
- 효과를 극대화한다는 의미
- 공식만 외워서는 문제를 못 푼다
- 배증 효과

이야기_하나

시간을 절약한다는 의미

 어떤 의미인가요

소녀가 조용히 방을 나갔다. 몇 분 뒤 방으로 다시 들어온 소녀는 주스 잔이 놓여 있는 쟁반을 조심스럽게 들고 있었다. 소녀가 내 앞에 주스가 담긴 컵을 내려놓고, 하나는 자기 앞에 놓았다.

소녀는 반투명 유리컵의 언저리를 만지작거릴 뿐이었다. 나는 그녀의 무안함을 덜어주기 위해서라도 먼저 입을 여는 것이 좋겠다고 생각했다.

"도망간 줄 알았다."

의미나 원리는 완전히 제쳐둔 채 머릿속에 공식과 결론만 꾸역꾸역 밀어 넣으려고 버둥대는 걸, 과학을 배우는 잣대로 평가한다면 그야말로 정신 나간 사람이나 하는 짓에 불과한 것

"여기가 제 집인데, 도망은 무슨……."

소녀가 웃는 얼굴로 대답했다. 나도 따라서 빙그레 웃어주었다.

"이젠 네 선택이 왜 잘못됐는지 알겠니?"

"네, 그런데……."

"뭐든 물어봐."

나는 최대한 말투를 부드럽게 했다.

"시간을 절약한다는 것과, 효과를 극대화한다는 것이 어떤 의미인지 구체적으로 떠오르지 않아서요."

"그러면, 시간을 절약한다는 의미부터 먼저 얘기해 볼까."

소녀가 내 앞으로 바짝 다가앉았다.

 ### 글자 수가 중요한 게 아니다

"글자의 양으로만 따지면, 내용이 간단히 요약된 참고서를 보는 게 시간이 월등히 적게 걸리겠지. 설명이 풍부한 참고서에 비해 본문의 분량이 절대적으로 적으니까 당연할 거야. 하지만 그건 정말 잘못된 생각이야."

헷갈린다는 듯, 소녀의 눈이 휘둥그레졌다. 나는 말을 이었다.

"우리가 참고서를 본다는 것은, 만화책이나 시시껄렁한 주간지나 월간지의 가십 기사를 보는 것과는 다르지. 그런 책들이야 대충대충 훑어보고 넘어가도 별 문제가 생기지 않아. 하지만 참고서의 경우는 결코 가볍게 대할 수 없거든. 가벼운 소설책이나 연예인의 기사가 실린 잡지를 읽듯이 참고서를 다루었다간, 무슨 내용의 글을 읽었는지 도통 이해할 수가 없게 돼. 한 줄 한 줄 꼼꼼하게 살피면서, 중요 부분은 색연필로 밑줄도 쳐가면서 자세히 읽어야 하는 거야. 그만큼 참고서에 담긴 내용은 간단치 않다는 뜻이야."

"저도 참고서를 가볍게 대하지는 않아요."

소녀가 아까 선택했던 요약 중심의 참고서를 펼쳐 들었다.

"보세요. 저도 키포인트는 연필로 밑줄을 치고, 중요 단어는 색연필로 동그라미까지 그려가면서 한 줄 한 줄 암기하고 넘어가고 있어요."

그랬다. 소녀는 참고서를 결코 안이하게 취급하지 않았다. 하지만 중요한 것은 그것이 아니라, 그녀가 설명이 충분치 않은 요약된 참고서를 골라서 공부를 한다는 데 있었다.

"그래, 정말 열심히 공부하는구나. 하지만 요약집을 본다고 해서 시간은 절약되지 않는다는 거야."

"왜죠……?"

나는 미소를 지으며 대답했다.

"내가 말했지만, 너는 아직도 글자 수만을 따져서 시간이 적게 걸리느냐 많이 걸리느냐를 연관시키고 있어. 그러나 중요한 건 글자 수가 아니라 이해의 정도야. 참고서는 잡지책을 읽는 것과는 질적으

로 다르기 때문이지."

그러나 소녀의 얼굴은 여전히 나의 말이 이해되지 않는다는 표정이었다.

"내가 앞에서 한 말 중에 이런 게 있었잖아. 과학은 앞뒤의 연계성이 무척 강한 학문이라고."

나는 이렇게 말했었다. 과학은 시작에서 결론까지가 실타래 풀리듯이 술술 풀리는 연계성을 갖는 학문이라고. 그러나 내가 학창 시절에 배운 과학은, 참고서 한 쪽 넘어가기 무섭게 내용이 수시로 뚝뚝 끊어지면서 이질적인 공식과 결론이 어김없이 튀어나오는 그런 것이었다고. 그래서 가까이 다가가려 해도 그러기가 너무 버겁고 어려웠다고.

소녀가 컵을 들어 주스를 마셨다. 내가 말을 이었다.

"그런데 너는 내가 그토록 강조한 '과학의 연계성'은 전혀 고려하지 않은 채 또다시 암기하는 데만 온 신경을 쓰고 있어."

"……."

"합리성과 논리성이란 단어가 명백히 암시해 주듯, 과학은 앞뒤가 꼬리에 꼬리를 물듯이 착착 맞아 들어가야 하는 학문이야. 그래서 앞의 내용이 이해가 되면 뒤는 자연스럽게 따라서 이해가 되어야 하는 것이지. 그런데 그러한 과정을 완전히 접어둔 채, 오로지 낱낱의 공식과 뿔뿔이 흩어진 결론을 외우는 데만 치중하면 어떻게 되겠어?"

소녀는 입을 열지 못하고 있었다.

"과학 책은 쳐다보기도 싫다거나, 과학이란 말만 들어도 머리가 지끈지끈 아파 온다고 하는 말들을 하는 이유가 바로 거기에 있는 거라고. 과학 책에 나오는 공식과 결론이 어디 한두 개니? 그렇지 않잖아. 그런데 그 수많은 것을 나올 때마다 뜻도 모르고 의미도 모른 채 무작정 외우려고 드니까, 끝없이 막막해질 수밖에 없는 거지. 천재 중의 천재라고 하는 아인슈타인을 데려와 봐. 그가 뭐라고 할 것 같니? 모르긴 몰라도, 뜻도 모르고 원리도 모른 채 무조건 공식과 결론을 외우려고 드는 사람을 보면, 그는 서슴없이 이렇게 말할 걸. 정신 나간 놈!"

그렇다. 의미나 원리는 완전히 제쳐둔 채 머릿속에 공식과 결론만 꾸역꾸역 밀어 넣으려고 버둥대는 걸, 과학을 배우는 잣대로 평가한

다면 그야말로 정신 나간 사람이나 하는 짓에 불과한 것이다.

　"과학은 연계성으로 앞뒤가 체계적으로 이어진 합리적인 학문이기 때문에, 무작정 겉보기에 좋고 편집이 깔끔하다고 해서 요약된 참고서를 골라선 안 되는 거야. 쉬운 예를 하나 들어보자."

　나는 가방에서 연습장과 볼펜을 꺼냈다.

이야기_둘

기본 원리를
제대로 파악하라

 3+5와 5+3이 같다는 것을 알듯

"다음과 같은 더하기 문제를 생각해 보자."

나는 연습장에 이렇게 적었다.

3+5

"이 값이 얼마지?"

내가 물었다.

"8이요."

소녀가 대답했다.

시간 절약은 문제가 복잡해지면 복잡해질수록 더욱 큰 이점을 얻게 되어 있어. 수학의 기본 원리를 제대로 이해하면, 그래서 더욱 능률적으로 시간을 절약하게 되는 거야.

나는 3+5, 밑에다 다른 더하기 문제를 하나 더 적었다.

5+3

"그러면 이건 얼마지?"

"8이요."

소녀는 거칠 것 없이 대답했다.

"맞았어. 3+5도 8이고 5+3도 8이지. 그러나 수를 이제 처음 배우는 어린이는 3+5와 5+3이 같다는 걸 몰라. 그래서 그 아이는 오른손과 왼손의 손가락을 하나하나 꼽아가며 3+5도 계산하고 5+3도 계산해서 답을 말하게 돼 있어.

그러나 덧셈의 교환 법칙을 이해하고 있는 사람은 굳이 5+3을 계산할 필요가 없지. 왜냐하면 3+5라는 계산을 통해 이미 그 결과를 알고 있으니까, 8이라고 간단히 대답하면 되기 때문이야. 하지만 교환 법칙의 원리를 알지 못하는 사람은 5+3을 다시 계산해야 하지."

나는 자세히 설명했다. 그러나 소녀의 얼굴에는 별 반응이 나타나지 않았다. 앞의 계산이 너무 유치하다고 판단한 듯싶다.

좀더 복잡한 더하기 문제

"3+5나 5+3이 어렵지 않은 덧셈이어서 시간을 절약한다는 의미가 잘 와 닿지 않는 모양이구나. 그러면 다음과 같은 덧셈을 생각해 볼까."

나는 다시 다음과 같이 적었다.

23037＋384737＋44873＋84374＋37383

37383＋84374＋44873＋384737＋23037

"이와 같은 두 문제가 있다고 하면, 덧셈의 교환 법칙을 터득한 사람은 당연히 이 중 한 문제만 풀면 되겠지. 처음 것이나 뒤의 것이나 순서만 뒤집혔을 뿐 같은 숫자들의 합이기 때문이야. 하지만 덧셈의 교환 법칙을 알지 못하는 사람은 끙끙대면서 두 문제를 모두 다 계산해야 하는 수고를 해야 할 거야."

나는 소녀를 보며 천천히 주스를 마셨다.

"그러니까 기본 원리의 철저한 이해가 시간의 효율성과 밀접한 연관이 있다는 뜻인가요?"

소녀가 진지하게 물었다.

"그렇지. 덧셈의 교환 법칙이라고 하는 수학의 기본 원리를 터득한 사람은 3+5 하나만 풀고 5+3은 풀지 않아도 되지. 덕분에 문제 하나를 풀지 않아도 되는 만큼의 시간을 절약하게 되는 셈이지.

시간 절약은 문제가 복잡해지면 복잡해질수록 더욱 큰 이점을 얻게 되어 있어. 수학의 기본 원리를 제대로 이해하면, 그래서 더욱 능

률적으로 시간을 절약하게 되는 거야."

"이해가 가요. 하지만 이건 과학이 아니라 수학이잖아요."

소녀가 반문했다.

"그러니까 덧셈의 교환 법칙에 대한 예가 수학에 대한 것이어서 과학에는 어울리지 않는다는 뜻이니?"

소녀가 고개를 끄덕였다.

 ## 글자를 빨리 읽는다고 시간이 절약되는 게 아니다

"그렇지가 않아. 과학이나 수학이나 기본 골격은 다르지 않기 때문에, 같은 맥락으로 접근할 수가 있어. 그래서 기본 내용을 무시한 채 요점만 무턱대고 암기하는 사람은 3＋5도 계산하고 5＋3도 계산하는 어리석음을 과학에서도 그대로 답습하게 되지.

앞의 것을 알았으니 뒤의 것은 당연히 자연스럽게 이해가 되어야 하는데, 그래야 여러 모로 이로울 텐데, 뜻도 원리도 모른 채 무조건적으로 암기를 해서 매번 공식과 요점을 꾸역꾸역 머리로 밀어 넣은 탓에, 공부를 해도 앞에서 배운 지식의 도움을 전혀 받지 못하게 되는 거야. 해도 해도 끝이 없는 거지. 그러니까 노력은 노력대로 하고도 시간 절약의 이점은 거의 얻지 못하게 되는 거라고."

나는 계속 말을 이었다.

"과학에서 말하는 시간을 절약한다는 의미는, 책에 담긴 글자를 빨리 읽어낸다는 것이 아니라 본론의 뜻을 제대로 파악해서 다음 내용을 이해하는데 도움이 될 수 있도록 기여한다는 뜻이지. 앞의 내용을 제대로 이해하면 뒤의 공식과 결론이 자연스럽게 술술 풀리면서 한결 다가가기 수월해지게 되는 그런 의미란 말이야. 그러면 암기하는 것도 따라서 쉬워지게 되거든."

소녀는 말을 잊은 듯했다. 나는 잠시 숨을 고르고 다시 말을 이어나갔다.

"무턱대고 암기한 내용은 수시로 잊어버리게 되어 있어. 하지만 본론의 내용을 충실하게 이해한 사람은 잊었던 것을 유추해서 곧바로 연상해 낼 수가 있지. 기초가 튼튼해야 고층 건물을 지을 수 있다는 단순한 진리를 절대 잊어서는 안 되는 거야."

간단한 예를 하나 들어보자.

운동 에너지와 위치 에너지를 배웠다면, 그 뒤에 이어지는 역학적 에너지 보존 법칙은 어렵지 않게 이해되어야 한다. 과학자들이 자연의 법칙을 알아온 과정이 그와 다르지 않은 까닭에, 그래야 하는 건 당연하다. 그런데 어찌된 일인지, 적잖은 학생들이 운동 에너지와 위치 에너지는 별 부담 없이 접근하면서도 역학적 에너지 보존 법칙에 이르면 선뜻 다가서지 못하는 것이 현실이다.

왜 이런 일이 벌어지는 걸까?

그건 앞의 내용을 제대로 파악하지 못했기 때문이다. 다시 말해서 운동 에너지와 위치 에너지의 기본적 의미를 확고히 알고 넘어가지 않았기 때문이다. 뜻도 모르고 의미도 모른 채, 운동 에너지라고 하면 $\frac{1}{2}mv^2$, 위치 에너지라고 하면 9.8mh라고 무조건 달달 암기하는 것으로 운동 에너지와 위치 에너지를 다 이해했다고 자부한 데에 그 원인이 있는 것이다.

"시간을 절약한다는 게 무슨 의미인지 이제 알 것 같아요."

소녀가 고개를 크게 끄덕였다.

이야기_셋

효과를 극대화 한다는 의미

 정말 무모한 짓이란

나는 잠깐 생각에 잠겼다. 그러다가 지금의 주제와는 다소 빗나가는 듯한 질문을 소녀에게 던졌다.

"삼국시대부터 고려, 조선시대까지의 왕 이름을 순서대로 다 외우니?"

"어휴, 아니요."

소녀가 강하게 고개를 가로 저었다.

"내 생각엔 그리 어려운 것 같지 않은데."

과학은 합리성과 논리성에 바탕을 두고 창의성을 기르는데 근본 목적이 있는 학문이다. 수동적으로 암기해서, 시험지에 답을 끼적거릴 수 있는 학문이 아닌 것이다.

"에이, 그건 좀 무모한 짓이에요. 조선시대 왕만 외우는 것도 힘든데, 삼국시대부터 어떻게 다 외워요?"

"무모한 짓이라……, 그렇다면 과학의 공식과 결론을 무턱대고 암기하는 것은 무모한 짓이 아닌가?"

"그건……."

소녀가 말을 잇지 못했다.

"우리나라 역대 왕들의 이름을 순서대로 적어보면 기껏해야 2쪽 분량이나 될까, 언뜻 많아 보이지만 절대 그렇지 않아. 반면 과학에서 외워야 할 공식과 결론은 수십 쪽도 넘지. 분량으로 따지자면 둘은 비교가 안 돼. 그런데 그 수많은 공식과 결론을 무조건 외우겠다고, 또는 외워야 한다고 감히 덤벼들고 있으니, 어불성설도 이만저만이 아니지. 우리의 과학 교육은 아직까지도 그러한 허무맹랑한 암기를 강요하고 있어. 잘못되어도 한참 잘못된 교육이지."

나는 다시 한 번 무조건적인 암기 위주의 학습을 질타했다.

소녀는 요점 정리가 잘 되어 있어서 공부하기 좋다고 주저 없이 선택했던 참고서를 조용히 책상 위로 올려놓았다.

 ## 공식을 다 외워도 대가가 거의 없다

"헌데 그런 맹목적인 암기 교육의 문제점은 그것으로 끝나지 않아. 설령 갖은 노력을 다 해서 과학 책에 나오는 공식과 결론을 전부 암기했다고 해도, 그에 상응하는 대가가 거의 없다는 데 문제의 심각성이 있어."

"어? 공식이나 결론을 다 외웠으면 과학은 통달한 게 아닌가요?"

소녀가 의아스럽다는 듯이 물었다.

"그렇지 않아."

나는 단호하게 말을 이어나갔다.

"공식이 뜻하는 바나 결론이 담고 있는 의미를 이해하지 않고 무작정 암기를 하게 되면 지극히 단순한 문제밖에는 풀 수가 없어. 공식에 숫자를 그대로 대입하는 문제라든지, 외운 결론이 그대로 출제되는 경우의 문제만 풀이가 가능하단 말이지. 그 이외의 문제는 전혀 손을 못 댄다는 거야. 응용 문제는 말할 것도 없고, 기존 문제를 간단히 바꾸기만 해도 이건 처음 보는 문제라면서 고개를 젓게 되지. 그래서 통합 교과적인 문제라든지, 깊은 사고력을 요구하는 문제를 푼다는 것은 아예 꿈도 꾸지 못하게 되는 거라고. 그러니 공식 천 개, 만 개를 암기한다고 해서 그게 무슨 의미가 있겠어?"

그렇다. 과학은 합리성과 논리성에 바탕을 두고 창의성을 기르는 데 근본 목적이 있는 학문이다. 수동적으로 암기해서, 시험지에 답을 끼적거릴 수 있는 학문이 아닌 것이다. 그런데 모르면 외워, 라는

식으로 과학을 접하려고 하니 흥도 나지 않을 뿐만 아니라 노력을 해도 성적은 마냥 제자리걸음을 하는 것이다. 그래서 아무리 산뜻하게 요점을 정리해 놓은 참고서라 해도 그 한계를 벗어나지 못한다면, 과학 성적을 향상시키는 데 별 도움이 되지 않는 것이다.

"음…… 그럼 예를 들어보면요?"

소녀가 여전히 만족스럽지 못한 얼굴로 물었다.

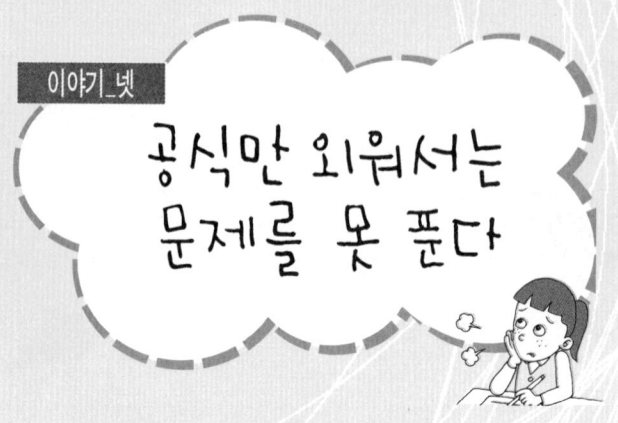

이야기_넷

공식만 외워서는
문제를 못 푼다

 공식 외우고 자신만만하더라도

공식과 결론을 무조건적으로 암기하는 것은 노력에 대한 대가가 거의 없다고 나는 강조했다. 예를 통해서 다시 한 번 살펴보자.

소녀가 고른, 요점 정리 중심의 참고서는 역학적 에너지 보존 법칙에 대해 이렇게 적고 있다.

역학적 에너지의 보존 : 위치 에너지와 운동 에너지의 합은 일정하게 보존된다.

뜻도 의미도 완전히 접어둔 채 무조건 공식을 암기하면 거의
모든 문제를 전혀 손댈 수가 없는 것이다.

$$위치\ 에너지 + 운동\ 에너지 = 일정$$

$$9.8mh + \frac{1}{2}mv^2 = 일정$$

$$9.8mh_1 + \frac{1}{2}mv_1{}^2 = 9.8mh_2 + \frac{1}{2}mv_2{}^2$$

참고서를 열심히 암기한 소녀는, 이 내용이 역학적 에너지 보존 법칙의 전부일 거라고 생각하며 자신만만해할 것이다.

'이제 역학적 에너지 보존 법칙을 완전히 마스터했어!'

이런 판단만큼 끔찍한 착각도 없다. 물론 몇 줄 되지 않는 이 내용이 역학적 에너지의 보존 법칙이 뜻하는 키포인트인 것은 다르지 않다.

 ### 시험지를 받아 보면 사정은 다르다

그러나 시험 문제가 이대로 나오지 않는다는 데 문제가 있다.

만약 시험 문제가 다음과 같은 식으로 출제된다면, 누구도 소녀의 공부 방법이 바람직하지 않은 것이라고 말하진 못할 것이다.

● 역학적 에너지의 보존이 뜻하는 중요한 요점을 간단히 적어라.

소녀는 암기한 몇 줄 되지 않은 내용을 시험지에 기분 좋게 쏟아 내면 될 터이다.

그러나 이런 식으로 문제가 출제되길 기대하지는 마라. 그것은 사막 한 가운데 맥을 놓고 앉아서 장마비가 쏟아지길 고대하는 것과 같이 무모한 행동에 지나지 않는다.

소녀의 공부 방법이 올바르지 못했음은 역학적 에너지의 보존과 관련된 문제를 실제로 마주해 보면 확연해진다.

● 높이 10m에 정지해 있던 공이 자유낙하했다. 그 공이 5m 상공을 지나는 순간의 속력은 얼마인가? 또, 그 공이 지면에 닿는 속력은 얼마인가?
● 질량 2kg인 물체가 2m 낙하했다. 그 사이 위치 에너지는 얼마나 감소했고, 운동 에너지는 또 얼마나 증가했는가?

이것은 역학적 에너지 보존 법칙의 가장 대표적이면서 가장 기본적인 문제이다. 하지만 소녀는 이 문제들을 풀지 못한다. 그녀가 단순히 암기하고 있는 내용에는 이들을 해결할 수 있는 열쇠가, 겉으로는 전혀 드러나 있지 않기 때문이다.

그러나 이렇게 소녀를 호되게 꾸짖고 있는 나도, 솔직히 그녀에게

높이 10m 정지해 있던 공이 낙하했다.
그 공이 5m 상공을 지나는 순간의 속력은
얼마인가?
또, 그 공이 지면에 닿는 속력은 얼마인가?

돌멩이를 던질 자격은 없다. 나 역시 소녀와 다르지 않는 어리석음을 예전에 무수히 저질렀기 때문이다. 한때는 나도 소녀처럼, 공식서너 개 암기하는 것으로 역학적 에너지 보존 법칙을 완벽히 깨달았다고 자만에 빠지면서 문제를 풀려고 덤벼들었던 적이 있었으니까.

나의 가당찮은 시험 공부는 역학적 에너지 보존 법칙의 여러 문제들을 마주하면서 곧바로 여지없이 무너져 내렸다. 모래성이 와르르 무너져 내리듯.

 요행은 바라지 마라

물론 소녀는 다음과 같은 문제는 풀 수 있다.

● $9.8mh_1 = 10$, $\frac{1}{2}mv_1^2 = 20$, $9.8mh_2 = 15$일 때, $\frac{1}{2}mv_2^2$의 값은 얼마인가?

소녀가 암기하고 있는 공식

$$9.8mh_1 + \frac{1}{2}mv_2^2 = 9.8mh_2 + \frac{1}{2}mv_2^2$$

를 이용하면 되기 때문이다.

즉 문제에서 제시한 수치를 공식에 대입하여,

$$10 + 20 = 15 + \frac{1}{2}mv_2^2$$

$$30 = 15 + \frac{1}{2}mv_2^2$$

$$30 - 15 = \frac{1}{2}mv_2^2$$

$$15 = \frac{1}{2}mv_2^2$$

이란 값을 얻을 수 있다.

하지만 이런 종류의 문제 역시 시험에 나오기를 기대하지 않는 게

좋다. 정말 마음이 좋은 선생님이 공짜로 점수를 주겠다는 의지를 강력히 보이지 않는 한 그건 가능하지 않은 일이다. 한 마디로 말해서 그건 요행을 기대하는 행위일 뿐이다.

이처럼 뜻도 의미도 완전히 접어둔 채 무조건 공식을 암기하면 거의 모든 문제를 전혀 손댈 수가 없는 것이다.

 공식 자체는 무의미

　과학을 발전시키는 데, 공식 그 자체는 큰 의미가 없다. 하나의 뜻 있는 공식을 얻기까지 여러 과학자들이 끊임없이 고민하면서 쏟아 낸 다양한 사색의 과정이 정녕 값진 보물이기 때문이다. 사과나무에 서 사과가 왜 떨어졌는지, 그걸 밝혀나간 다양한 고민의 흔적이 오 늘의 과학을 있게 했고 내일의 과학을 지탱케 하는 든든한 밑거름이 되는 것이다.

　그래서 과학 시험 문제를 출제하는 선생님들은, 공식에 기계적으

암기한 공식 그 자체는 아무런 의미가 없다. 그것이 담고 있는 내용을 파악하지 못한 공식은 그저 무의미한 숫자와 문자의 나열일 뿐이다.

로 숫자를 대입해서 답을 추출해 내는 문제를 배제하고, 사고력이나 창의력을 증진시킬 수 있는 생각하는 문제 쪽에 무게를 두는 것이다.

그런데 대부분의 학생들이 그걸 인식하지 못한 채 무턱대고 공식을 암기하려고 드니, 아무리 노력을 해도 제자리걸음일 뿐 성적이 오르지 않게 된다. 암기한 공식 그 자체는 아무런 의미가 없다. 그것이 담고 있는 내용을 파악하지 못한 공식은 그저 무의미한 숫자와 문자의 나열일 뿐이다.

 ### 내용을 두루 이해하면 쉽게 해결

공식에 담긴 의미를 제대로 이해하고, 뜻을 속속들이 간파했을 때에야 비로소 암기한 공식은 빛을 발하게 된다. 그랬을 때 어떤 종류의 역학적 에너지 보존 법칙에 관한 문제가 나오더라도 어렵지 않게 해결할 수가 있는 것이다.

예를 들어 좀더 구체적으로 설명해 보자. 다음과 같은 문제들은 역학적 에너지 보존 법칙을 다루면서 빼놓을 수 없는 문제들이다.

- 야구공이 높이 H에 있을 때의 역학적 에너지가 20J이었다. 이 공이 $\frac{H}{2}$ 지점을 지나는 순간 역학적 에너지는 어떻게 변할까? 더불어 그 지점에서 운동 에너지와 위치 에너지의 비율은 어떻게 될까?
- 쇠공이 높이 H인 곳에 머물러 있다가 자유낙하했다. 운동 에너지와 위치 에너지가 같아지는 높이는?
- 질량 200g인 공을 16m/s로 연직 상방으로 던졌다. 공이 올라갈 수 있는 최고 높이는?

공식만 외워서는 이 문제들을 도저히 풀 수 없다. 그러나 역학적 에너지 보존에 관련된 내용을 이해하면 어렵지 않게 풀 수 있다.

'요점이 아니라, 내용을 철저히 읽고 이해하라!'

내가 왜 그토록 목청을 높여 가며 이렇게 외치는지 이제는 이해가 되었을 것이다. 설명을 자세히 하여 글자 수가 많은 참고서라고 해서 읽기를 거부하는 것은 과학을 포기하겠다는 뜻과 다르지 않다.

 원리를 알면 효과는 배증된다

내용을 이해하는 방식으로 과학 공부를 해나가면 하나 더하기 하나가 둘이 되는 것이 아니라, 셋이 되고 넷이 될 수 있다. 물론 어떻게 하느냐에 따라서는 결과가 10이 될 수도 있고 그 이상이 될 수도

있다.

이것은 영양학에서 말하는 아미노산의 배증 효과를 그대로 닮았다. 배증 효과란 필수 아미노산을 섞어서 섭취하면, 그 결과가 1+1 = 2와 같은 산술적인 결과가 아닌 3이나 4가 된다는 것이다.

공식을 무조건적으로 암기하는 것보다 내용을 충실히 이해하는 것이 효과를 극대화할 수 있다는 의미는 바로 이런 뜻이다.

6장

과학을 잘하는 7가지 방법 5 — 참고서는 깨끗이 쓰지 않는다

네 가지 이야기

- 참고서를 깨끗이 쓰지 말라는 의미
- 내 것으로 만들어라
- 모르거나 부족한 내용도 표시해라
- 실제로 표시하다

이야기_하나

참고서를 깨끗이 쓰지 말라는 의미

 '더럽게' 쓰라는 말은 함부로 쓰란 뜻이 아니다

"이제, 참고서를 유용하게 사용하는 방법에 대해서 설명해 주세요."

소녀가 자신이 고른 좋은 참고서를 집으며 말했다.

"첫째 방법에 대해서 이런저런 이야기를 하다 보니까 사설이 꽤 길어졌구나."

내가 참고서를 건네 받으며 말을 이었다.

"둘째 방법은, 참고서를 더럽게 쓰라는 거야."

어떠한 형태로든 중요한 내용은 반드시 잊지 말고 표시를 하면 되는 거야. 눈에 띄지만 너무 현란하지는 않게, 자기가 알아보기 편한 대로 표시하면 되겠지.

"더럽게요?"

소녀가 조금 놀란 표정이 되었다.

"그래, 아주아주 더럽게!"

나는 주먹까지 불끈 쥐어 보이며 뜻을 강조했다.

"가치 있는 책은 소중하게 다루어야 하잖아요?"

"맞아, 책은 소중한 거야."

"그런데 책을 소중히 쓰라고는 못 하실망정 어떻게 아주아주 더럽게 쓰라고 하세요?"

소녀는 웃으면서 말했지만 얼굴에는 말도 안 된다는 표정이 역력했다.

"으이그, 또 오해가 생기는구나."

"무슨 오해요?"

"나는 '더럽게'라는 말을 책을 함부로 굴리라는 뜻으로 한 게 아니야."

나도 웃으면서 말을 이었다.

"쉽게 말해서 씻지 않은 손으로 때를 묻힌다거나, 책상에 얼굴을 파묻고 잠을 자다가 침을 질질 흘려서 종이를 울게 하라는 게 아니야. 그렇게 책을 함부로 대하는 건 있을 수 없는 노릇이지."

소녀는 고개를 끄덕였지만 그 표정을 보아 추가적인 설명이 필요할 것 같았다. 나는 다시 질문을 던졌다.

"아까 내가 참고서를 활용하는 방법의 첫 번째로 무얼 말했지?"

"건성건성 읽지 말고, 문장의 뜻을 새기면서 정독하라고 하셨어요."

소녀가 즉각 대답했다. 나는 흡족한 웃음을 지으며 말을 이었다.

"그렇다면 어떻게 해야 되겠어? 참고서의 본문을 한 줄씩 읽어나가면서 맞닥뜨리게 되는 의미 있는 문장이나 중요 어휘, 그리고 최종적으로 얻어진 공식과 결론은 당연히 주목해야 할 필요가 있을 거야."

"네."

"그래, 바로 그런 부분을 표시하라는 거야. 그게 바로 내가 권하는, 참고서를 더럽게 사용하라는 뜻이지."

내 말이 끝나자 소녀가 참고서 하나를 가져와서 내 앞에 펼쳤다.

"그러니까 이것처럼 표시를 하란 말이네요."

소녀가 가리킨 참고서의 펼쳐진 면은 분홍색과 파랑색의 형광펜으로 밑줄이 죽죽 쳐져 있었다.

"그렇지, 바로 이거야!"

소녀가 밝게 웃으며 어깨를 으쓱해 보였다.

 덧붙이는 이야기

나는 이쯤에서 펜의 사용을 다시 한 번 더 짚어주고 넘어가야 했

다. 왜냐하면 우리 학생들은 수동적인 것에 너무도 익숙해 있기 때문이다.

"설마 그럴 일은 없겠지만 그래도 노파심에서 한 마디 덧붙이자면, 밑줄을 긋고 표시를 하는데 반드시 형광펜을 사용할 필요는 없다는 거야. 볼펜으로 밑줄을 그어도 좋고, 색연필로 문장을 칠해도 좋지. 문장 앞머리와 끝머리에 괄호를 치거나 별 모양을 그려 넣어도 좋으니까, 어떠한 형태로든 중요한 내용은 반드시 잊지 말고 표시를 하면 되는 거야. 눈에 띄지만 너무 현란하지는 않게, 자기가 알아보기 편한 대로 표시하면 되겠지."

내가 노파심이라고 서두를 꺼내며 큰 의미를 두지 않는 척 말을 했지만 내 본심은 전혀 그렇지가 않았다. 내 머릿속은 분홍색과 파랑색 형광펜을 사기 위해 문구점을 들락거리는 청소년들의 모습이 선하게 떠오르고 있었다. 아마 모르긴 몰라도 내가 이렇게 언급하지 않고 그냥 넘어갔다면, 형광펜으로만 그것도 분홍색과 파랑색 펜으로만 밑줄을 긋고 표시를 해야 하는 걸로 믿는 독자가 필시 여럿 있을 것이다.

이것만 보아도, 우리의 교육이 얼마나 서글프게 이루어져 왔는지 알 수 있다. 능동성을 키워주지 못하는 절름발이 교육, 그러다 보니 창의적 사고는 도저히 꿈꿀 수 없는 참담한 교육이 바로 우리가 지금껏 받아온 교육인 것이다.

이야기_둘

내 것으로 만들어라

 직접 표시해 보라

소녀의 책상 한쪽에 연필꽂이가 있었다. 거기에는 지우개가 달린 연필과 검은색 볼펜 한 자루, 커터용 칼과 가위가 꽂혀 있었다.

"형광펜이나 색 볼펜은 없니?"

내가 소녀에게 고개를 돌렸다.

"있어요."

"여러 색깔로 몇 자루 줘 볼래?"

소녀가 책가방 안에서 2단식 반투명 필통을 꺼냈다. 필통 내부는 세상만사가 다 그렇지만, 수동적이어서는 결코 남보다 앞서 나갈 수가 없다. 땀과 노력이 동반된 능동성, 그것이 결여되어서는 남을 뛰어넘을 수가 없는 법이다.

연필이나 볼펜 자국 하나 나 있지 않았다. 먼지 하나 없이 깨끗하게 정돈된 책상을 보고서 이미 예상한 바였으나, 소녀의 깔끔한 성격은 필통 속을 보아도 잘 드러났다. 그녀가 필통 속에 포개져 있는 형광펜 네 자루를 집어서 나에게 건넸다. 분홍, 파랑, 노랑, 초록.

나는 소녀가 고른 좋은 참고서를 펼쳤다. 펼쳐진 쪽에는 〈태양 에너지와 지구의 에너지 평형〉에 대한 설명이 실려 있었다.

"이 내용을 읽어 봐라."

"꼼꼼히 읽을까요?"

"음……, 우선 대충 훑듯이 한번 봐."

소녀가 두 쪽 분량을 훑어보는 데에는 시간이 얼마 걸리지 않았다.

"다 봤어요."

"그러면 이걸로 한번 표시를 해 봐라."

나는 소녀에게서 건네 받은 형광펜을 모두 다시 건네주면서 말했다.

 선생님이 표시해 주세요

분홍, 파랑, 노랑, 초록.

"여기에다 둘째 방법대로 말이죠?"

소녀는 펼쳐져 있는 면을 가리키며 물었다.

"그렇지."

초록색 형광펜을 쥐고 있던 소녀가 갑자기 머뭇거렸다.

"그런데 저……."

"말해봐."

"제가 표시를 하는 것보다는 대신 해주시는 게 좋을 것 같다는 생각이 들었어요."

"그래서 나보고 표시를 하란 말이니?"

"네, 그러면 더 좋을 텐데요."

이런 낭패가 있을 수 있나. 내가 지금껏 한 말이 모두 허사가 되는 순간이었다. 소녀는 내가 앞에서 신신당부한 걸 벌써 잊어버리고 만 것이었다. 수동적인 것에 푹 젖어서 능동성을 좀체 찾지 못하는 소녀, 이러함은 비단 그녀만의 일은 아닐 것이었다.

나는 천천히 숨을 깊이 들이마시고 뱉으며 가슴을 진정시켰다.

중요한 부분...
표시해 주세요!

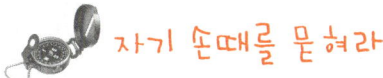

자기 손때를 묻혀라

내가 마뜩찮은 표정을 짓고 있는 것을 보고는 소녀가 말을 이었다.

"과학에 대한 지식은 저보다는 선생님이 월등하시잖아요. 그러니까 중요한 내용도 저보다 훨씬 정확하게 잘 집어내실 수 있을 거 아니에요?"

나의 기분을 알면서도 모르는 척하는 건지, 아예 눈치를 못 채고 있는 건지 소녀는 태연하게 이렇게 말하는 것이었다.

나는 어떻게 답을 해야 할지 무척 고민스러웠다. 갑자기 갈증이 올라왔다. 나는 쟁반에 놓인 남은 주스를 쭉 마셨다. 그러나 얼마 남지 않았던 미적지근한 주스를 마시니 더 목이 탔다.

"시원한 물 좀 갖다 줄 수 있겠니?"

"네."

소녀가 쟁반에 컵을 담아서 방을 나갔다. 잠시 후 그녀가 냉수 한 잔을 가지고 들어왔다. 나는 단숨에 찬물을 반 이상 비우고는 컵을 내려놓으며 말했다.

"그렇겐 안 되겠는데."

"……왜요?"

소녀가 당혹스러운 눈길로 나를 바라보았다.

"네 말대로, 내가 너보다 과학에 대해서 좀 더 알고 있기야 하겠지. 하지만 그건 네 지식이 아니라 내 지식이기 때문에 해줄 수가 없다는 거야."

"무슨 얘기예요?"

소녀가 조심스럽게 물었다.

"내가 이 참고서에다 형광펜으로 표시를 하는 게 뭐가 어렵겠어. 그렇지만 그렇게 하고 나면, 그건 네 지식이 아니라 바로 내 지식이 되는거야. 왜냐하면 그건 전적으로 내 기준에 맞춘 거니까. 그래서 해줄 수 없는 거야."

소녀가 조금 알겠다는 표정을 지으며 말했다.

"그러니까 내 스스로가 중요한 걸 발견하여 밑줄을 치고, 참고서를 읽어나가야만, 비로소 그게 내 것이 될 수 있다는 뜻이군요."

"바로 그거야. 백 번 듣고 보는 것보다 실제로 한 번 해보는 게 더욱 중요할 수 있거든. 이 경우가 바로 그런 경우에 해당되는 거지. 그래서 너에게 직접 표시를 해보라고 한 거였어."

소녀가 말없이 고개를 끄덕였다. 내가 말을 이었다.

"본문을 읽고 중요 사항에 표시하고, 또다시 본문을 읽고 중요 내용에 밑줄 긋고 하는 식으로 참고서를 괴롭히다 보면 책은 자연스럽게 더러워지게 마련이거든. 그렇게 더러워진 책이, 무작정 내팽개쳐 두었다가 훼손된 책과 같을 수 있을까? 절대 그렇지 않을 거야. 또한 남이 줄을 쳐줘서 더러워진 책과도 같을 수는 없을 거야. 내 열 손가락 하나하나로 페이지마다 손때를 덕지덕지 묻힌 책, 그게 바로 내가 좋은 참고서를 십분 활용하는 둘째 방법에서 권하는 더러운 책인 거야. 그리고 그런 참고서를 공부를 했을 때에야 비로소 능률이 부쩍부쩍 오르는 것이고, 성적과 등수도 따라서 오르는 법이거든."

그렇다. 세상만사가 다 그렇지만, 수동적이어서는 결코 남보다 앞서 나갈 수가 없다. 땀과 노력이 동반된 능동성, 그것이 결여되어서는 남을 뛰어넘을 수가 없는 법이다.

밑줄치고,,, 메모하고,,,

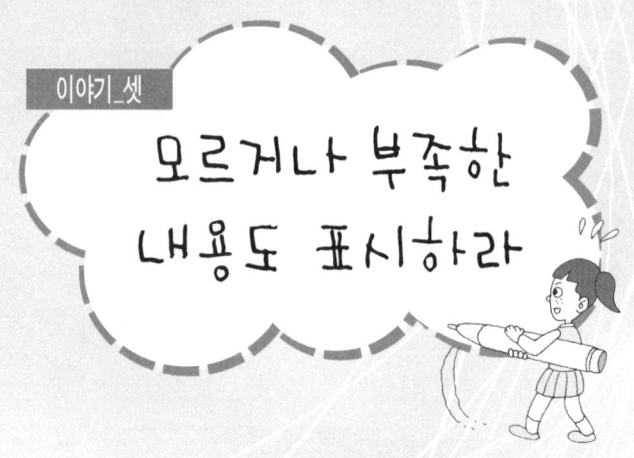

이야기_셋

모르거나 부족한
내용도 표시하라

 어렵거나 설명이 부족한 내용을 만나면

    현실에 안주한 채 남이 해도 주는 밥만 떠먹는 사람에게 미래를 기대할 수는 없듯, 땀과 노력이 뒷받침된 손때 묻은 책이 아닌 깨끗한 책을 참고서로 가진 학생에게서 성적 향상을 기대할 수는 없다.

    소녀는 자신이 고른 좋은 참고서를 만지작거리며 내가 말한 손때 묻은 책의 의미를 되새기고 있는 듯했다.

    내가 다시 말문을 열었다.

    "한 가지 더 덧붙여서 이야기하자면, 내가 스스로 밑줄을 치라고 중요한 사항들만 형광펜으로 표시하지 말고, 부족한 내용들도 꼭 표시를 하고 넘어가야 하는 거야.

한데는 또 이런 이유를 무시할 수가 없기 때문이기도 했어."

"무슨 이유인데요?"

소녀가 물었다.

"어떤 과학 책의 내용이 아주 충실하다고 해도, 모든 사람이 다 그 책의 설명에 만족할 수는 없다는 거야. 설령 그것이 노벨상을 수상한 세계적인 석학들이 모여 심혈을 기울여서 쓴 과학 책이라 해도 말이야."

"그럴 수 있을 거예요."

소녀가 맞장구를 쳤다.

"그럴 수 있겠다는 가능성 정도의 차원이 아니라 당연히 그렇다고 봐야겠지."

"아유, 선생님도……."

소녀가 또 살짝 눈을 흘겼다.

"클레오파트라와 양귀비가 동서양의 미인을 대표한다고 하지만, 우리 모두가 너나없이 그들을 최고의 미인으로 꼽는 건 아니잖아. 역사학자들이 다들 그렇다고 하니까, 그냥 그렇게 받아주는 것뿐이 아니겠어?"

"그건 그래요. 미인이라는 사람들을 봐도 이목구비 하나하나 다

마음에 드는 건 아니거든요. 그런데 미인과 참고서는 무슨 관련이
있는데요?"

소녀가 웃으며 물어 왔다.

"참고서의 경우도 이와 마찬가지라고 보면 돼. 아무리 완벽한 참
고서라고 해도 읽다 보면 이해하는 데 상당히 어려운 부분이 나타나
기도 하고, 또 부가적인 해설이 추가되었으면 좋겠다는 부분이 발견
되기도 하거든. 개중에는 그렇지 않은 사람도 있겠지만, 내가 장담
하는데 대다수가 그렇다고 봐야 할 거야. 물론 너도 이 책을 읽으면
서 그러한 경험을 하게 되겠지."

나는 소녀가 아직도 만지작거리고 있는 좋은 참고서를 가리키며
말했다.

"그렇다면 제가 이 책을 읽으면서 그런 부분을 만났을 때 어떻게
해야 좋을까요?"

"그게 바로 내가 원하던 질문이야."

나는 반색하며 말을 이었다.

"그때는 대수롭지 않다는 식으로 그냥 무심히 지나쳐서는 절대로
안돼. 반드시 표시를 하고 넘어가야 돼. 중요한 사항들만 형광펜으
로 표시하지 말고, 부족한 내용들도 꼭 표시를 하고 넘어가야 하는
거야."

소녀의 시선이 분홍, 파랑, 노랑, 초록의 형광펜으로 향했다.

편한 대로 표시하라

"그렇다면 이걸로 어떻게 표시를 하는 게 좋아요? 제일 좋은 방법을 알려주세요."

소녀가 형광펜 네 자루를 집으며 나를 쳐다보았다.

"뭐, 절대 어렵게 생각할 필요가 없어. 그냥 자기가 편한 대로 하면 되는 거야. 중요 사항은 분홍색, 이해가 어려운 내용은 파랑색, 추가적 설명이 필요할 것 같은 부분은 초록색으로 표시해도 좋을 테고, 중요사항은 형광펜으로 밑줄을 치고 이해가 어려운 내용은 문장의 앞과 뒤에 별 표시를 한다거나, 추가적인 설명이 필요할 것 같은 부분은 문장의 전후에 괄호를 치는 것도 나쁘진 않을 거야."

나는 연습장에 분홍, 파랑, 초록 형광펜으로 표시를 해 보았다.

"간단하네요."

"그렇지. 자기가 편한 대로 하면 된다니까."

고개를 끄덕이는 소녀의 얼굴이 한결 편안해 보였다.

이야기_넷

실제로 표시하다

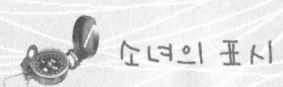

소녀의 표시

참고서의 내용을 자기 것으로 해야 한다는 조언을 들은 소녀는 곧바로 참고서의 〈태양 에너지와 지구의 에너지 평형〉 부분을 읽고, 중요하다고 생각되는 내용을 일단 이런 식으로 형광펜으로 표시했다.

참고서에 표시를 하는 것이 진짜로 과학 지식을 내 것으로 만드는 것이다.

1. 태양 복사 에너지

태양은 복사의 형태로 열을 방출한다. 복사는 중간 매개체의 도움을 받지 않고 열이 사방으로 이동하는 현상으로, 쉽게 말해서 열의 방출이라고 생각하면 된다. 표면 온도 5,800K에 이르는 고온의 천체가 내뱉는 에너지를 그래서 '태양 복사 에너지' 라고 부른다.

태양이 그렇게 쉴 없이 내뿜는 복사 에너지 중에서 지구가 받는 양은 고작 20억분의 1에 불과하다. 그럼에도 그것이 지구 에너지의 원동력 – 예를 들어 식물의 광합성, 동물의 성장, 대류 현상, 해류 운동 – 이기에 충분하니 태양이 방출하는 에너지의 양을 능히 짐작하고 남음이 있다.

태양광의 스펙트럼을 분석해 보면, 눈으로 볼 수 있는 가시광선, 붉은색 바깥의 적외선, 보라색 너머의 자외선의 다양한 광선으로 이루어져 있음을 알 수 있다.

지구가 받는 태양 에너지는 대기권 밖과 지표의 값이 현저히 다르다. 햇살이 대기층을 뚫고 들어오면서 공기 입자들에 다량 흡수되는 까닭이다. 태양광에 수직한 $1cm^2$의 단면적이 1분 동안에 받는 열량은 대기권 너머가 2cal, 지표가 0.5cal이다.

이 두 개의 수치 중에서 앞의 것, 그러니까 대기권 밖에서 받는 태양 에너지를 가리켜서 특히 '태양 상수' 라고 부르는데, 이 값은 지구 에너지를 설명하고 태양의 실체를 파악하는 데 없어서는 안 될 중요한 상수이다.

태양 상수 = $2cal/1cm^2min$

2. 지구의 에너지 평형

지구는 태양으로부터 막대한 양의 열을 쉼 없이 받는다. 하지만 그렇다고 해서 무한정 받아들이기만 하는 것은 아니다. 지구도 자체적으로 에너지를 복사 형태로 방출하는데, 이것을 '지구 복사 에너지' 라고 한다.

이러한 복사가 없었다면 지구는 이미 예전에 생명체가 살 수 없는 고온의 행성으로 변했을 것이다. 지구가 내보내는 에너지는 모두 적외선 영역이어서 눈으로 볼 수 없지만 기상 위성의 적외선 사진으론 확인이 가능하다.

지구는 둥글고 지표는 균일하지 않아서 각 지역마다 받는 태양 에너지의 양이 같지 않다. 그래서 위도가 낮은 적도 부근은 많은 태양 에너지가 도달하는 반면 고위도 지역은 상대적으로 적은 태양 에너지를 받는다.

하지만 그럼에도 지구가 방출하는 에너지는 위도에 따른 차이가 별로 없어서 저위도, 중위도, 고위도의 열수지에 큰 격차가 생긴다. 즉, 저위도는 입사 에너지가 방출 에너지보다 상대적으로 커서 에너지 과잉이 나타나지만, 고위도는 반대 현상이 일어나서 에너지 부족이 되는 것이다. 이렇게 말이다.

저위도 : 흡수 에너지〉방출 에너지
위도 38° 부근 : 흡수 에너지 = 방출 에너지
고위도 : 흡수 에너지〈방출 에너지

그러나 지구 전체적으로는 이러한 과잉량과 부족량이 동등해서 지구의 온도가 일정히 유지된다. 또한 이러한 에너지의 과잉과 부족을 해소하기 위해, 다시 말해 열수지를 맞추기 위해 대기와 해수가 순환을 한다.

집중적으로...

 ## 표시가 사람마다 다른 건 당연하다

소녀가 밑줄을 그은 부분을 보고 이렇게 말하는 사람이 없지 않을 것이다.

"나 같으면 다르게 표시했을 텐데."

당연한 반응이다. 밑줄을 그은 내용이 서로 같을 수는 없다. 만일 같다면 그건 남의 것을 보고 베낀 것일 터이다. 사람마다 알고 있는 지식의 양이 다르고, 또한 머리로 지각하고 판단하는 기준이 다르기 때문이다.

소녀는 태양 에너지가 어떻게 이용되고 있는지에 대해서 익히 알고 있었지만 복사 현상에 대해서는 잘 모르고 있었던 까닭에 그 부분을 집중적으로 표시한 것뿐이다. 이는 태양광선의 복사 현상에 대해서 완벽한 이해가 되어 있는 사람은 소녀가 밑줄을 그은 부분에 표시를 하지 않아도 된다는 뜻이다. 그 예로, 지구로 들어온 태양 에너지가 어떤 식으로 이용되는지에 대해 이해가 부족한 사람은 당연히 그 아랫부분에 이런 식으로 표시를 해야 할 것이다.

> 태양은 복사의 형태로 열을 방출한다. 복사는 중간 매개체의 도움을 받지 않고 열이 사방으로 이동하는 현상으로, 쉽게 말해서 열의 방출이라고 생각하면 된다. 표면 온도 5,800K에 이르는 고온의 천체가 내뱉는 에너지를 그래서 '태양 복사 에너지'라고 부른다.

태양이 그렇게 쉼 없이 내뿜는 복사 에너지 중에서 지구가 받는 양은 고작 20억분의 1에 불과하다. 그럼에도 그것이 지구 에너지의 원동력 – 예를 들어 식물의 광합성, 동물의 성장, 대류 현상, 해류 운동 – 이기에 충분하니 태양이 방출하는 에너지의 양을 능히 짐작하고 남음이 있다.

이렇게 참고서에 표시를 하는 것이 진짜로 과학 지식을 내 것으로 만드는 것이다.

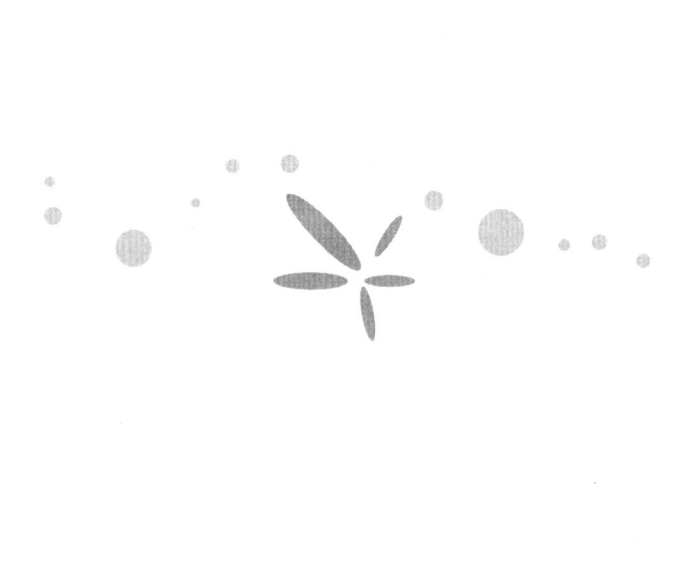

7장

과학을 잘하는 7가지 방법 6
― 사전을 십분 활용한다

🌳 세 가지 이야기

- 사전을 이용하라는 의미
- 사전을 찾으면 이렇게 좋다
- 사전을 찾아서 도움이 되는 여러 예

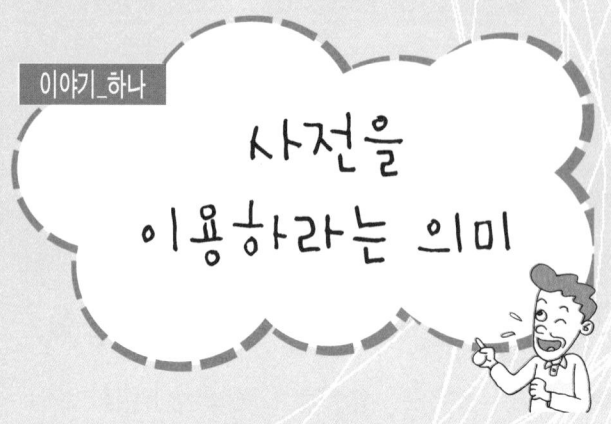

이야기_하나

사전을 이용하라는 의미

 사전에 대한 소녀의 옳지 못한 생각

"그럼 이제 셋째 방법을 알려 주세요."

형광펜으로 밑줄을 쳤던 참고서를 접으며 소녀가 청했다.

"셋째 방법은, 참고서를 보다가 모르는 용어가 나오면 주저 없이 사전을 찾아보라는 거야."

계속 이야기를 하려던 도중에 소녀를 보니, 그녀는 또 다시 신통치 않은 얼굴을 하고 있었다.

"왜 그러니?"

과학 참고서를 읽다가도 모르는 단어가 튀어나오면 주저 없이 사전을 뒤져서 그 뜻과 의미를 정확히 파악하고 넘어가야 한다.

　　내가 의아스런 눈길로 소녀를 바라보며 물었다.

　　"아까 네 가지 방법을 노트에 받아 적으면서도 이상하다는 생각이 들었던 건데요, 과학 시간에 사전을 본다는 게 좀 어울리지 않는 것 같아서요."

　　"응? 안 어울릴 게 뭐가 있어?"

　　"사전은 국어나 영어 같은 어학 과목을 배울 때나 필요한 거라고 생각하는데, 과학 참고서를 공부하면서 사전을 찾아보라고 하니까……."

　　나는 소녀의 말을 중간에 막고 말했다.

　　"그건 착각이야."

　　"네?"

　　소녀가 깜짝 놀랐다.

　　"사전은 어학 시간에만 필요한 게 아니야."

　　내 말은 단호했다.

　　"……."

　　소녀는 입술을 닫은 채, 내 다음 말을 기다렸다.

 ## 사전은 어학 공부에만 필요한 게 아니다

"말과 글이 있는 곳이라면 언제든지 필히 등장해야 하는 게 사전이야."

그렇다. 사전은 국어나 영어 같은 어학적 내용을 학습하는 시간에만 필요한 것이 아니다. 국어 사전은 국어 시간, 불어 사전은 불어 시간, 일어 사전은 일어 시간에만 지니고 다니며 펼쳐 보아야 하는 것이 아니라는 말이다.

과학 참고서를 읽다가도 모르는 단어가 튀어나오면 주저 없이 사전을 뒤져서 그 뜻과 의미를 정확히 파악하고 넘어가야 한다. 그래야 내용 이해에 큰 도움이 된다.

하지만 내가 이렇게 말을 했음에도 소녀의 표정은 크게 달라지지 않았다. 나는 그녀의 생각을 고쳐주기 위해서 접근 방법을 달리해야 했다.

"너는 과학 책이나 과학 참고서를 읽으면서 어려운 용어를 본 적이 없나 보구나?"

나는 가볍게 말을 던지듯이 소녀에게 물었다.

"아니요. 있죠."

소녀가 고개를 저었다.

"그럴 땐 어떻게 하는데?"

"뭐, 그냥 넘어가요."

소녀는 대수롭지 않다는 식으로 대답했다.

"그냥 넘어간다……."

나는 잠시 생각에 잠겼다가 말을 이었다.

"그렇다면 영어 책이나 영어 참고서를 보다가 모르는 단어를 만나면 어떻게 하니?"

"사전을 찾아봐야죠."

소녀는 당연하다는 듯이 말했다.

"그럼 이상하잖니? 모르는 영어 단어는 사전을 뒤져보면서, 왜 모르는 우리말은 사전을 찾아보지 않아?"

"그거야, 영어는 외국어잖아요."

"그게 바로 잘못된 생각이야. 사전은 외국어만을 위해서 필요한 게 절대 아니야."

소녀는 말을 꺼내려다 입을 닫았다. 다시 내가 말을 꺼냈다.

"생각해 봐라. 외국어를 공부할 때만 사전이 필요하다면 국어 사전이 왜 있겠어. 외국인들이 우리말 공부할 때 적절히 이용하라고 만들었겠니?"

"……아니요."

소녀의 대답이 기어들어 가는 듯 작았다.

"그렇지 않잖아. 사전이란 누구라도 모르는 용어가 나오면 언제든지 찾아보라고 쉽게 뜻풀이 해 놓은 유용한 책이야. 신문을 보거나 책을 읽거나 심지어는 만화책을 보다가도 어려운 단어와 마주치면 주저 없이 뜻을 찾아보라고 만들어 놓은 게 사전이란 말이야."

"네에……."

소녀가 고개를 조금 끄덕였다.

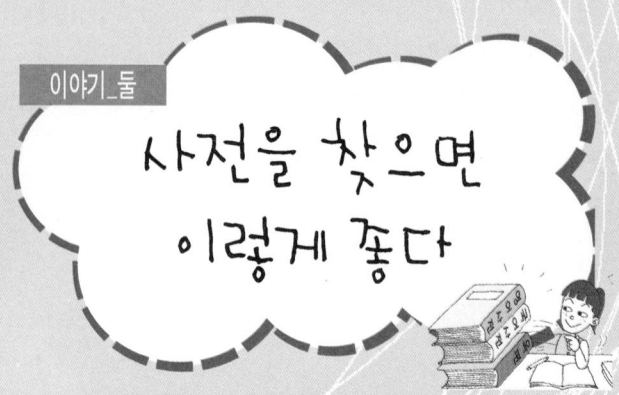

이야기_둘

사전을 찾으면 이렇게 좋다

 사전찾기가 더욱 필수적인 이유

우리가 학교에서 배우는 과학적 지식은 거의가 외국으로부터 들여온 것이다. 그러므로 그러한 지식을 우리나라 사람이 쉽고 빠르게 습득하도록 하기 위해서는 어떻게 해야 할까? 외국어를 우리말로 바꾸어야한다. 그래서 번역은 필수적인 작업이다.

그러다 보니 과학 책에는 외국어를 우리말로 바꾼 용어가 허다한 것이다. 더구나 오래 전에 번역한 과학 용어 중에는 어려운 한자어가 수두룩하게 포함되어 있기 때문에 사전 찾아보기는 더욱 필수적이다.

과학 용어 중에는 어려운 한자어가 수두룩하게 포함되어 있기 때문에 사전 찾아보기는 더욱 필수적이다.

사전 찾아보기

사전을 찾아보면 어떤 이로운 점이 있을까? 사전을 이용하여 과학 용어를 직접 찾아보면서 그 효용 가치와 학습 효과를 알아보자.

우선 앞의 〈태양 에너지와 지구의 에너지 평형〉 부분을 읽으면서 만났던 어휘부터 살펴보자.

……스펙트럼을 분석해 보면, 눈으로 볼 수 있는 가시광선, 붉은색 바깥의 적외선, 보라색 너머의 자외선의 다양한 광선으로 이루어져 있음……

이 문장에서 가시광선, 적외선, 자외선이란 단어가 일단 눈길을 끈다. 설명에 의하면 가시광선은 눈으로 볼 수 있는 빛, 적외선은 붉은색 바깥의 빛, 자외선은 보라색 너머의 빛이라고 했다. 그러면 그러한 의미를 담고 있는 빛을 그렇게 이름 붙인 이유가 있지 않겠는가?

사전을 찾아보자.

가시광선(可視光線, visible ray) : 눈으로 볼 수 있는 빛…….

적외선(赤外線, infrared ray) : 붉은색 바깥의 빛…….

자외선(紫外線, ultraviolet ray) : 보라색 너머의 빛…….

여기서 이들 단어 뒤에 이어져 있는 각 어휘의 한자명과 영어명을 살펴보자.

가시광선의 가시(可視)란 말 그대로 볼 수 있다는 뜻이고 광선(光線)은 빛이란 의미이다. 그래서 눈으로 볼 수 있는 빛을 가시광선이라 이름 붙인 것이다. 영어명도 그래서 visible ray인 것이다.

적외선과 자외선을 놓고 어느 것이 적색 너머의 빛이고 어느 것이 자색 너머의 빛인지 혼동될 때가 있다. 그러나 이러한 혼동도 적외선과 자외선의 한자명과 영어명을 보면 곧바로 사라진다.

적외선의 적(赤)은 붉은색을 가리키고, 외(外)는 바깥을 뜻하므로 붉은색 너머의 빛이 적외선이 되는 것이다. 그래서 적외선을 영어로는 infra**red** ray라 쓰는 것이다.

자외선의 자(紫)는 보라색을 뜻하고, 외(外)는 바깥을 의미하므로 보라색 너머의 빛을 자외선이라고 하고, 영어로는 ultra**violet** ray라고 부르는 것이다.

사전을 찾아서 이렇게 한번 알고 넘어가면 가시광선, 적외선, 자외선이란 용어의 뜻을 놓고 다시는 헷갈리거나 잊어버릴 위험이 없을 것이다.

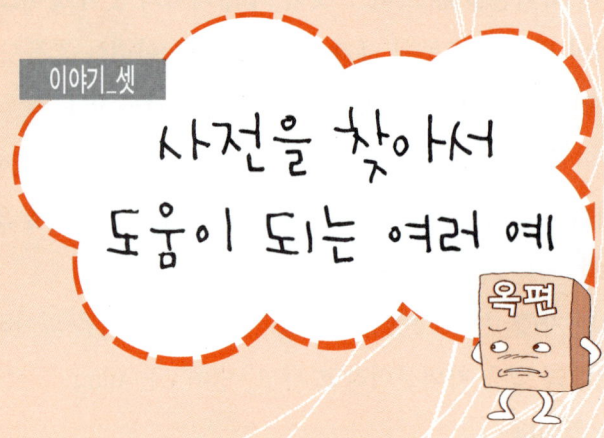

이야기_셋

사전을 찾아서
도움이 되는 여러 예

옥편

여기에 소개하는 예들은 사전을 직접 찾아서 얻을 수 있는 많은 이점 가운데 극히 일부분에 지나는 것일 뿐이다. 하지만 이 정도의 예를 가지고도, 사전을 뒤져서 과학 용어의 뜻을 이해하고 넘어가는 것이 얼마나 학습에 큰 요인으로 작용하는지를 느끼는 데에는 그다지 부족함이 없으리라고 본다.

과학을 공부하는 데 있어서 사전의 적절한 이용은 아무리 강
조해도 지나치지 않다.

가수 분해의 이해

……종속 영양 생물이 섭취한 물질은 체내에서 쉽게 흡수되도록
잘게 나누어진다. 이 과정에 물분자가 적절히 끼여들어 분해를 도와
주는데 이것을 '가수분해' 라고…….

이 문장에서 '가수분해' 란 말이 무슨 뜻인지 잘 이해되지 않는다
고 하자. 그러면 주저 없이 사전을 찾아본다.

가수분해(加水分解) : …….

가수분해의 한자어를 보니, 왜 물 분자가 끼여드는 반응을 가수분
해라고 이름 붙였는지 납득이 간다. 가수(加水)가 바로 물을 더한다
는 의미이지 않는가.

 ## 동맥과 정맥의 구별

우리는 가끔 심장에서 나온 피가 흐르는 관이 정맥인지 동맥인지 헷갈리는 경우가 있다. 그러나 이것도 사전을 찾아보면 즉시 해결된다.

> 동맥(動脈):…….
> 정맥(靜脈):…….

동맥과 정맥의 한자를 보면, 동맥(動脈)은 움직일 동(動), 정맥(靜脈)은 고요할 정(靜) 자를 쓰고 있다. 움직인다는 것은 빠르고, 고요하다는 것은 느리다는 뜻을 연상해 볼 수 있다.

그러므로 심장이 세찬 펌프질을 하여 강력하게 밀어낸 혈액이 흐르는 관이 동맥이고, 온 몸을 휘돌고 나서 남은 기운으로 심장으로 다시 되돌아가는 혈액이 정맥이라는 것을 알 수 있다. 움직일 동과 고요할 정을 떠올리면 동맥과 정맥을 혼동하는 일은 없을 것이다.

 민물(담수)과 염수의 구별

정맥, 동맥과 마찬가지로 우리는 종종 민물(담수), 염수를 놓고 어느 것이 더 소금이 많은 물인지 혼동할 때가 있다. 이 경우에도 사전을 찾아 뜻을 비교해 보면 쉽게 해결이 된다.

> 민물(담수, 淡水, fresh water) : …….
> 염수(鹽水, salt water) : …….

보다시피, 묽을 담(淡)과 소금 염(鹽) 자가 두 물의 차이를 극명하게 나타내 보여준다. 또한 영어명 fresh water와 salt water를 보아도 담수와 염수의 차이는 명확해진다.

수용성과 지용성 비타민의 구별

……비타민은 물에 녹는 것과 그렇지 않은 것이 있다. 물에 녹는 비타민은 수용성(水溶性) 비타민, 지방이나 지방을 녹이는 용매에 쉬이 분해되는 비타민은 지용성(脂溶性) 비타민이…….

이 문장을 읽고, 수용성 비타민과 지용성 비타민의 차이가 궁금하면 '수용성'과 '지용성'이란 단어를 사전에서 찾아보면 즉각 해결된다.

> 수용성(水溶性) : …….
> 지용성(脂溶性) : …….

수용성의 '수'가 물 수(水) 자이고, 지용성의 '지'가 기름 지(脂) 자라는 걸 확인하는 순간, 수용성 비타민과 지용성 비타민의 모호함은 가볍게 사라진다.

상실기의 이해

……할구가 계속해서 작아지면 흡사 뽕나무 열매를 보는 듯한 시기가 나타나는데, 이때가 상실기…….

202 |

이 문장을 보고 이렇게 생각하기가 쉽다.

"그 많은 글자 가운데, 왜 그리 쉬운 단어도 아닌 '상실'이란 용어를 써가면서 이 시기를 상실기라고 했을까?"

아무리 생각해 봐도 감이 잡히지 않으면 이 또한 사전을 찾아보라.

> 상실(桑實)이란 뽕나무 즉 오디를 뜻하는…….

상실기의 상(桑)은 뽕나무라는 뜻이고, 실(實)은 열매라는 뜻이다. 그러므로 겉모양이 뽕나무 열매와 같은 이 시기를 상실기라고 이름 붙인 건 당연하지 않겠는가.

 ## 겸상 적혈구 빈혈증의 이해

……겸상 적혈구 빈혈증은 적혈구가 낫 모양으로 변해서 나타나는 유전병으로, 헤모글로빈의 아미노산 사슬을 이루는 염기 하나가 뒤바뀌어 심한 빈혈 증상으로 이어지는 질병이다. 흑인에서 주로 발병…….

'겸상'이란 말도 '상실'이란 용어만큼이나 이해가 어려운 용어이다. 하지만 이것 또한 사전을 뒤져보면 해결이 된다.

> 겸상(鎌狀)……

겸상의 겸(鎌)은 낫 겸이다. 즉 鎌은 낫을 뜻하는 한자인 것이다. 그래서 적혈구가 낫 모양으로 변하여 나타나는 빈혈증을, 겸상 적혈구 빈혈증이라고 하는 것이다.

ATP, AMP, ADP의 구별

……ATP는 생물의 에너지 대사에 중요한 일익을 담당하는 에너지의 원천으로 인산기(H_2PO_4)가 셋 붙어 있으며, 인산기가 둘 붙어 있으면 ADP, 하나 붙어 있으며 AMP라고……

AMP(Adenosine Monophosphate…….
ADP(Adenosine Diphosphate…….
ATP(Adenosine Triphosphate…….

이 문장을 읽으면, 인산기의 개수에 따라서 AMP, ADP, ATP로 구별 했음을 알 수가 있다. 즉 인산기가 하나면 AMP, 둘이면 ADP, 셋이면 ATP로 나눈 것이다.

그렇다면 왜 이렇게 나누었을까? 영어로 하나는 One, 둘은 Two, 셋은 Three이니 그런 단어를 붙여서 구별할 수도 있을 텐데 말이다. 영어사전의 도움을 빌리면 이러한 의문점도 깨끗이 사라진다.

즉 하나 · 둘 · 셋의 표현을 One · Two · Three로 하지 않고 Mono · Di · Tri를 이용하여, 인산기가 하나면 AMP(아데노신 일인산), 둘이면 ADP(아데노신 이인산), 셋이면 ATP(아데노신 삼인산)

라고 한 것이다.

　이상의 예에서 확연히 느낄 수 있듯, 과학을 공부하는 데 있어서
사전의 적절한 이용은 아무리 강조해도 지나치지 않다.

8장

과학을 잘하는 7가지 방법 7
― 저학년 참고서로 연계 학습을 한다

🌳 세 가지 이야기

- 저학년 참고서로 연계 학습을 하라는 의미
- 과학 공부 방법의 7가지 과정 다시 보기
- 소녀의 집을 나오며

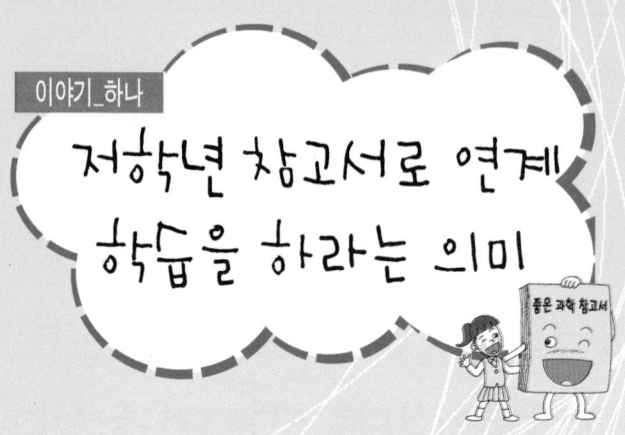

이야기_하나

저학년 참고서로 연계
학습을 하라는 의미

 소녀, 저학년 참고서를 무시하다

"어이구, 벌써 시간이 또 이렇게 됐네."

시계를 보고는 놀라며 내가 말했다.

"해는 예전에 떨어진 걸요. 하지만 한 가지 얘기해 주실 사항이
아직 남았잖아요."

소녀가 미소를 지으며 주섬주섬 점퍼를 챙겨 입으려던 나를 말렸
다.

"그래, 이제 마지막이구나."

모르는 내용을 만나면, 기본 원리의 철저한 이해를 위해서 당
연히 저학년 참고서를 뒤져봐야 할 것이다.

"가시더라도 알려주고 가셔야죠."

소녀가 재촉했다. 그녀의 얼굴은, 조금만 있으면 과학에 대해서
두려움 없이 공부할 수 있을 것이며, 그래서 성적을 쑥쑥 끌어올릴
수 있을 것이라는 자신감으로 가득해 보였다.

"알았다, 알았어."

나는 한쪽 팔을 넣었던 점퍼를 다시 벗어 옆에 놓았다.

"넷째 방법은, 과학 참고서로 공부를 하다가 모르는 내용을 마주
하면, 서슴지 말고 저학년 참고서를 뒤져보라는 거야."

"저학년 참고서요?"

'저학년' 이란 단어에 힘이 들어간 소녀의 말투를 보니 이번에도
선뜻 내 말을 받아들이지 못한 것 같았다.

"그래. 그런데 또 왜 그러니?"

"……아니에요, 계속 말씀하세요."

말은 그렇게 했지만 소녀의 얼굴에는 뭔가 미심쩍다는 표정이 역
력했다.

"이상한 게 있으면 네가 먼저 말해봐. 가만있지 말고."

"아니에요. 선생님이 계속 말씀하세요."

"그러지 말고 네가 먼저 말해봐라. 답답하다."

"제가 말하면 또 핀잔주시려고 그러죠?"

"어휴, 핀잔 안 줄 테니 편하게 말해보래도."

소녀와 나는 고집을 부리고 있었다. 결국 소녀가 입을 열었다.

"그냥요, 언뜻 납득이 가질 않아서요."

"뭐가 이해가 안 가는데?"

"저학년 참고서로 공부하라는 말이요."

이번에는 내가 소녀의 말뜻을 알아채지 못했다.

"구체적으로 좀 말해줄래?"

"공부를 한다는 건 새로운 지식을 자꾸자꾸 습득해 나가는 거잖아요?"

"그렇지."

"그렇다면 고학년 참고서는 보지 못할망정 예전에 배웠던 저학년 책을 뒤적인다는 건……."

그제서야 소녀의 말뜻을 파악한 나는 그녀의 말을 중간에서 잘랐다.

"무슨 말인지 알겠는데, 너는 이번에도 아주 큰 착각을 하고 있구나."

"그것 봐요, 제가 궁금한 걸 말하기만 하면 핀잔부터 주시면서!"

소녀가 울상이 되었다. 나는 소녀의 삐죽 입이 제자리로 돌아올 때까지 그녀를 달래야 했다.

 ## 저학년 때 배운 모든 것을 기억하는가

"내가 흥분을 해서 그만……. 이제 절대로 핀잔부터 주지 않을 게."

내가 싹싹 비는 시늉을 하자 소녀가 다시 웃음을 머금었다.

"아유, 이번이 마지막 네 번째 설명인데, 앞으로 아치피 핀잔주실 일도 없어요."

"그런가?"

나도 따라 웃었다. 그래도 조심스럽게 한번 더 물어보았다.

"그럼 정말 화 풀린 거야?"

"네, 화 풀었으니 설명해 주세요."

나는 안도의 한숨을 쉬고 나서 다시 설명을 시작했다.

"고학년이 되었다고 해서 저학년 때 배운 과학 지식을 모두 다 알고 있는 건 아니야. 물론 전부 속속들이 이해하고 있는 사람도 없진 않겠지. 하지만 대부분의 사람들이 그렇지 못해. 그렇지?"

"맞아요."

소녀가 고개를 끄덕였다.

그렇다. 학년이 높아졌다고 해서 저학년 때 배운 과학적인 내용들을 전부 다 자연스럽게 알게 되는 것은 결코 아니다. 배웠다고는 해도 그 당시에 제대로 공부를 하지 않아서 그냥 모르는 채로 고학년으로 올라온 경우라면, 저학년 때의 과학 지식을 이해하지 못하는 것은 당연한 일일 것이다.

"그리고 한 가지 또 간과해선 안 될 사실은, 인간의 두뇌가 만능이 아니라는 거야. 사람의 대뇌는 어떤 내용을 한 번 보았다고 해서, 그걸 평생 동안 그대로 기억할 수 있는 능력을 지니고 있지 못하는 게 사실이야."

뇌의 특성이 이러하기에, 우리는 잊어버리면 다시 기억하고, 또 잊어버리면 또다시 기억하는 반복적 행위를 계속해야 하는 것이다. 우리의 뇌리에 과학적 내용을 꼭꼭 붙박아 두기 위해서 말이다.

"네, 그래서 저학년 참고서를 찾아보라고 하신 거군요."

소녀의 얼굴이, 입가와 눈가에서부터 퍼지기 시작한 만족의 미소로 차츰차츰 채워지고 있었다.

 ## 저학년 참고서라고 버려선 안 된다

"그러면 예전에 배웠던 과학 책을 버리면 안 되겠네요?"

"아, 그럼."

고교 교과 과정에도, 역학적 에너지 보존 법칙과 전기와 전류에 관한 내용은 들어 있다. 그렇다고 고등학교에서, 중학생 때 배운 과학적 내용을 그대로 답습하는 건 아니다. 그 지식을 기반으로 해서 좀더 차원 높은 원리를 습득하게 된다.

그래서 역학적 에너지의 보존 법칙과 전기와 전류에 관한 내용을 고등학생이 되어서 배우긴 해도, 중학교 때 공부한 것과 연관된 기본적인 내용은 거의 언급되어 있지 않다. 중학교 과정의 지식은 당연히 알고 있다는 전제 하에서 고교 과정의 책은 서술되어 있는 것이다.

　예를 들어 중학교 과학 책에는 전압에 대한 내용이 상세히 설명되어 있지만, 고등학교 책은 그렇지 않다. 즉 전압에 대한 기본적인 원리는 이미 깨우친 것으로 여기고 다음 내용으로 넘어가는 것이다.

　그러니 어찌해야겠는가. 모르는 내용을 만나면, 기본 원리의 철저한 이해를 위해서 당연히 저학년 참고서를 뒤져봐야 할 것이다. 저학년 참고서로 연계 학습을 하라는 뜻은 바로 이런 의미인 것이다.

　이해가 안 되는 내용이 초등학교 수준이면 과감히 초등학교 전과를 꺼내어 확인하고, 중학교 내용이면 중학교 참고서를 들추어서 의미를 확실하게 다잡아야 할 것이다.

　신중히 선택해서 내 손때를 묻힌 참고서는, 그래서 여러분이 대학이라고 하는 관문을 통과하는 그 순간까지 운명을 함께해야 하는 것이다.

이야기_둘

과학 공부 방법의
7가지 과정 다시 보기

과학 공부 방법의
7가지 과정...

설명이 자세한 것이어야 한다. 그러나 불필요한 내용이 잡다하게 게재되어 있는 것은 피하는 것이 좋다.

나는 과학 공부 과정의 일곱 가지를 이야기했다. 처음에 소녀를 패스트푸드점에서 만났을 때이다. 이를 다시 한 번 복습해 보자.

 과학을 잘하는 7가지 방법

○ 첫째 : 자신감을 갖는다.
○ 둘째 : 참고서는 한 권이면 충분하다.
○ 셋째 : 좋은 참고서의 요건 ─ 참고서는 요약 중심인 것보다는 내용이 충실한 것을 고른다.
○ 넷째 : 문장의 의미를 제대로 파악하며 읽는다.
○ 다섯째 : 참고서는 절대로 깨끗이 사용하지 않는다.
○ 여섯째 : 이해가 안 되는 어휘가 나오면 주저 없이 사전을 찾는다.
○ 일곱째 : 모르는 내용이 나오면 저학년 참고서로 연계 학습을 한다.

셋째 과정인 '좋은 참고서의 요건' 에 대해서는, 소녀의 집을 처음 방문했을 때 더 자세하게 여섯 가지로 세분한 바 있다. 다시 기억을 더듬어 보자.

 좋은 참고서의 요건

1. 요점만 정리된 것은 안 된다. 요약된 참고서는 겉보기는 깔끔하고 산뜻해 보여도 학습에는 별 도움이 되지 못한다. 암기할 공식과 결론만 산더미처럼 쌓아놓을 뿐이다. 과학이 재미없고 짜증날 수 밖에 없는 가장 심각한 원인을 제공하는 원천이 바로 이런 책이다.
2. '왜' 라는 의문이 곳곳에 던져져 있어야 하고, 그것을 명쾌한 논리로 풀어낸 것이어야 한다.
3. 설명이 자세한 것이어야 한다. 그러나 불필요한 내용이 잡다하게 게재되어 있는 것은 피하는 것이 좋다.
4. 내용을 새기고 이해하는 데 도움이 되는 사진과 그림이 풍부한 것이어야 한다. 단 사진과 그림은 선명해야 하고, 내용의 키포인트를 단번에 이해할 수 있도록 단순화시킨 그림이어야 한다.
5. 각 단원의 끝부분에 공식과 키포인트가 정리되어 있는 것이면 더욱 좋다.
6. 다양한 문제가 골고루 수록되어 있는 것이어야 한다.

넷째부터 일곱째까지는 소녀의 집을 일주일 뒤 두 번째 방문했을 때 설명한, '좋은 참고서를 십분 이용하여 공부하는 방법' 에 대한 네 가지 내용이다. 이를 다시 음미해 보자.

 좋은 참고서를 십분 이용하는 네가지 방법

1. 문장에 담긴 의미를 제대로 파악하면서 참고서를 읽어 나간다.
글을 정독하란 뜻이다. 과학적 내용은 만화책 뒤적이듯이 헐렁헐 렁하게 읽어서는 글의 뜻과 의미를 제대로 파악하기가 어렵기 때 문이다.
다시 한 번 명심하길 바란다. 과학 책은 읽어도 그만 안 읽어도 그 만인 스포츠 신문의 가십 기사가 아니란 사실을.

2. 참고서는 절대로 깨끗이 사용하지 않는다.

씻지 않은 손으로 때를 묻히거나, 침을 덕지덕지 흘려서 종이를 울게 하라는 뜻이 아니다. 볼펜으로 밑줄을 그어도 좋고, 형광펜으로 문장을 칠해도 좋으며, 문장 앞머리와 끝머리에 별 모양을 추가해도 좋으니, 어떠한 형태로든 중요한 내용은 반드시 잊지 말고 표시를 하라는 뜻이다.

그리고 이러한 표시하기는 쉽게 이해가 되지 않는 내용을 마주했을 때도 똑같이 적용하는 것이 좋다.

3. 참고서의 내용을 읽어 나가다가 모르는 용어가 나오면 주저 없이 사전을 뒤져서 뜻을 알아본다.

사전은 어학 시간에만 필요한 것이 아니다. 국어 사전은 국어 시간, 영어 사전은 영어 시간에만 들춰보는 것이 아니란 뜻이다.

과학 참고서를 읽다가 모르는 단어가 나오면 주저 없이 사전을 뒤져서 그 뜻과 의미를 정확히 파악하고 넘어가야 한다. 우리가 배우는 과학이란 것이 원래 외국으로부터 들어온 것이어서, 그 지식을 습득키 위해 외국 용어를 우리말로 바꾸어야 한다.

그래서 과학 책에는 외국 지식을 우리말로 바꾼 단어가 허다한 것인데, 특히 일찍이 번역한 용어 중에는 어려운 한자어가 많기 때문에 사전 찾아보기는 더욱 필수적일 수밖에 없다. 과학 시간에도 사전을 가까이 하는 버릇을 들이자.

4. 모르는 내용을 마주했을 때는 저학년 참고서로 연계 학습을 한다.

과학 책을 읽다가 모르는 내용이 나오면 서슴지 말고 예전에 배웠던 과학 참고서를 꺼내서 그 부분을 다시 이해하고 넘어가야 한다. 즉 모르는 내용이 초등학교에서 배운 것이면 초등학교 과학책, 중학교에서 배운 것이면 중학교 과정의 과학 참고서를 들추어서 의미를 확실하게 다잡고 가야 하는 것이다.

이야기_셋

소녀의 집을 나오며

 언제 다시 만날까

그 동안 내가 말했던 내용들을 최종 정리까지 해주고 나서, 나는 점퍼를 입고 집을 나설 준비를 했다.

"이제 또 언제 볼 수 있을까?"

배웅하러 나오는 소녀에게 내가 웃으며 말을 건넸다.

"제가 성적이 안 오르면 안 만나 주실 거죠?"

소녀가 어리광부리듯 말했다.

"그럼 당연하지, 성적도 안 오르고 무슨 낯으로 날 또 만나?"

얼마 후 활기찬 목소리로 시험을 잘 보았다고 자랑하는 소녀
의 전화를 받게 될 것을 상상해 보았다.

굳은 얼굴로 말하는 사이에 어느새 내 입에서는 웃음이 비어져 나
왔다.

"선생님!"

소녀는 새삼스레 낮은 목소리로 나를 불렀다. 구두끈을 매다 말고
소녀의 얼굴을 다시 쳐다보았다.

"저…… 선생님 고맙습니다. 열심히 해서 꼭 성적 올릴게요. 다음
시험 후에 연락 드려서 과학 성적 자랑할게요!"

대견한 소녀의 말에 나는 가슴께에서 구두끈을 매던 손끝까지 뿌
듯한 무언가가 꿈틀거림을 느낄 수 있었다. 소녀 정도의 열성과 각
오를 가졌다면 능히 성적을 올릴 수 있으리라. 내가 일러준 공부 방
법을 마음속에 잘 새기고 실천할 것이다.

현관문을 나서는 발걸음이 어느 때보다 가벼웠다. 아파트를 나와
단지를 걸어가면서, 나는 얼마 후 활기찬 목소리로 시험을 잘 보았
다고 자랑하는 소녀의 전화를 받게 될 것을 상상해 보았다.

글을 맺으며

　내가 소녀의 방을 처음 방문했을 때, 그녀의 책꽂이에는 책이 가득했었다.

　하지만 여러 과학 참고서들이 다양했음에도 불구하고, 소녀의 참고서 선택은 절대적인 취약점을 안고 있었다. 그래서 나는 좋은 과학 참고서를 한 권만 골라서 공부할 것을 강조하고, 선택하는 방법을 일러주었다. 그리고 좋은 과학 참고서를 십분 활용하는 네 가지 방법을 설명해 주며, 손때 묻은 과학 참고서는 저학년용이라도 결코 버리지 말 것을 신신당부했다.

　그러나 아무리 좋은 약도 보기만 해선 효용이 없듯이, 아무리 좋은 방법도 능동적인 실천으로 이어지지 않으면 아무런 의미를 찾을 수가 없다.

우리 약속하자. 이 책에서 언급한, 좋은 과학 참고서를 선택하는 방법과 그것을 유용하게 이용하는 방법을 능동적으로 실천할 것을.

그러면 나도 여러분께 자신 있게 약속하겠다. 머지 않아 여러분의 과학 성적이 눈부시게 상승하리란 사실을⋯⋯

〈과학공부 이렇게 하면 못할 리 없다〉의 개정판 입니다.